高等院校艺术与设计类专业“互联网+”创新规划教材

商业空间店面与橱窗设计
（第2版）

赵文瑾　宋　鸽　于斐玥　编著

北京大学出版社
PEKING UNIVERSITY PRESS

内 容 简 介

本书以现代城市的多元文化为背景，根据包容、开放的美学观点提出现代商业空间店面与橱窗的设计理念，并结合实际案例简述了商业空间店面与橱窗的发展和设计流程。全书结合人体工程学、色彩学和照明设计标准，对店面和橱窗设计的方法与要素进行了分析，从店面与橱窗主题式角度研究、归纳了商业空间店面与橱窗设计的方法与手段，内容包括商业空间店面与橱窗设计概述、商业空间店面与橱窗设计要点、商业空间店面与橱窗主题式设计、商业空间店面与橱窗设计工程图选编、商业空间店面与橱窗设计作品赏析。

本书既可作为高等院校环境设计专业及相关专业的教材，也可以作为商业环境设计人员的参考用书。

图书在版编目 (CIP) 数据

商业空间店面与橱窗设计 / 赵文瑾，宋鸽，于斐玥编著. —2 版. —北京：北京大学出版社，2020.5
高等院校艺术与设计类专业“互联网 +”创新规划教材
ISBN 978-7-301-26688-5

Ⅰ. ①商… Ⅱ. ①赵… ②宋… ③于… Ⅲ. ①商店—室内装饰设计—高等学校—教材 ②橱窗布置—装饰美术—设计—高等学校—教材 Ⅳ. ① TU247.2 ② J525.2

中国版本图书馆 CIP 数据核字 (2020) 第 058303 号

书　　名　商业空间店面与橱窗设计（第 2 版）
SHANGYE KONGJIAN DIANMIAN YU CHUCHUANG SHEJI（DI-ER BAN）
著作责任者　赵文瑾　宋　鸽　于斐玥　编著
策划编辑　孙　明
责任编辑　翟　源
数字编辑　金常伟
标准书号　ISBN 978-7-301-26688-5
出版发行　北京大学出版社
地　　址　北京市海淀区成府路 205 号　100871
网　　址　http://www.pup.cn　新浪微博：@ 北京大学出版社
电子邮箱　编辑部 pup6@pup.cn　总编室 zpup@pup.cn
电　　话　邮购部 010-62752015　发行部 010-62750672　编辑部 010-62750667
印 刷 者　北京宏伟双华印刷有限公司
经 销 者　新华书店
889 毫米 ×1194 毫米　16 开本　8.75 印张　266 千字
2015 年 8 月第 1 版
2020 年 5 月第 2 版　2024 年 1 月第 4 次印刷
定　　价　55.00 元

第 2 版前言

随着经济的发展，商业活动已成为人们日常生活的一部分，而商业空间作为人们社交、消费的场所，也发生了巨大的变化。

“商业空间店面与橱窗设计”在设计课程时有着明确的功能要求，要求设计师根据商业空间的不同风格和特色进行设计。本课程除了包含室内设计的基本原理和功能外，还应包含更多的功能要求和市场特色。本课程所涉及的专业知识较为复杂，在进行课程实训练习时需明确店铺的功能特点；在设计过程中，还需要掌握店面与橱窗设计的基本要求，合理地运用店面与橱窗设计的造型方法，通过对店面的重点橱窗和入口设计、招牌与广告的综合设计及材料的选择和运用，最终完成符合市场定位的店面与橱窗设计；除此之外，在设计制作时还需要具备市场调查和分析能力、规范的图纸表达能力、方案设计表现能力、相关软件的运用能力。

本书在第 1 版的基础上修订而成，主要对第 4 章中商业空间店面与橱窗设计工程图与效果图重新进行了替换，并对全书内容进行了梳理，更换了部分图片，增加一些拓展素材以供学生课外阅读。通过本书的学习，学生应该在掌握室内设计基本原理的基础上，深入地研究商业空间设计的特点，并结合空间的功能与性质，设计出具有独特风格并能满足不同用途的商业店面与橱窗。

本书由赵文瑾、宋鸽、于斐玥编著，内容包含整体规划、构成要素、人体工程学、色彩、照明、陈设等，并初步涉及构造、尺度、技术、材料与施工工艺等方面内容。

由于编写时间仓促，加之编者水平有限，书中不足之处在所难免，敬请广大读者与同人批评指正。

编　者

2019 年 4 月

目　录

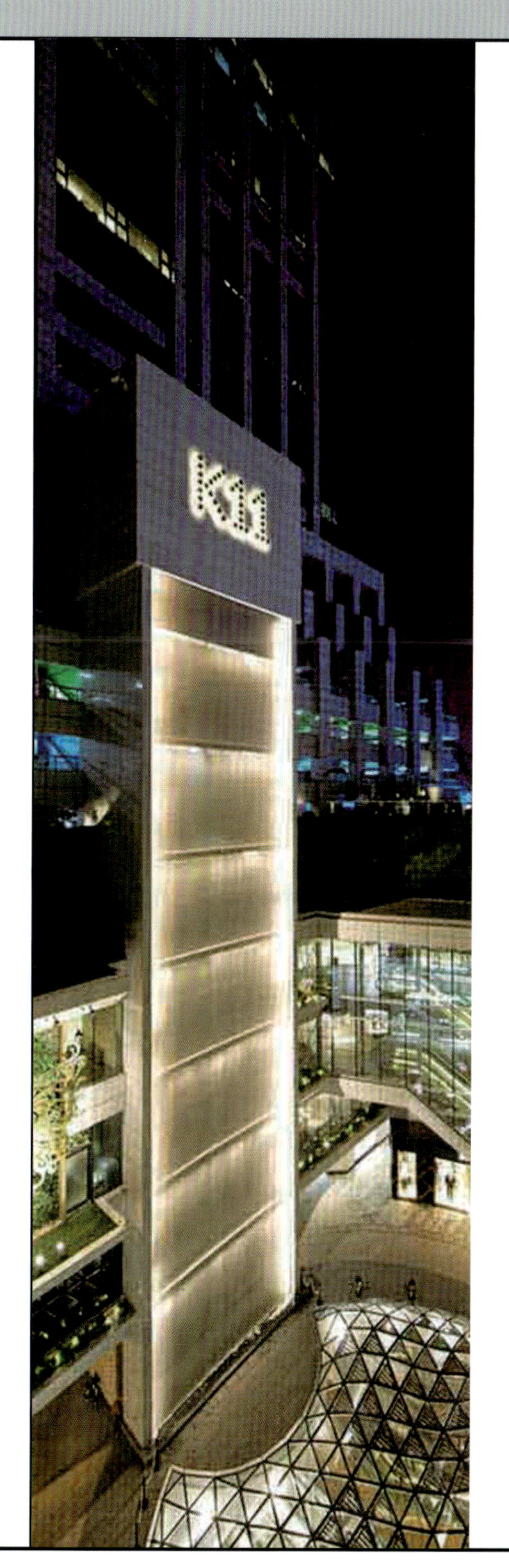

目 录

目 录

第1章 商业空间店面与橱窗设计概述

课前训练

训练内容：了解商业空间店面与橱窗设计的由来、发展及特点；理解商业空间店面与橱窗设计产生的过程，并熟悉其整体设计流程，掌握其设计流程各环节所必须具备的专业技能；能对前期策划阶段、初步设计阶段、设计深化阶段、设计实施阶段都有明确的认识，并能理解店面、橱窗与商业经济环境、商品、品牌等要素之间的关系，为熟练地运用所学知识进行商业空间店面与橱窗相关设计工作打下基础。

本章要求和目标

要求：掌握正确的设计方法和步骤，具备综合的实践能力及较强的设计表现与表达能力；了解店面、橱窗与整体商业环境之间的相互关系。

目标：通过对商业空间店面与橱窗设计的发展的认识及对设计程序的了解，能对不同功能、不同类型的商业空间店面与橱窗设计领域的设计知识有一个较为全面、深入的了解，并具有合理运用各方面专业知识进行综合性设计的素质和能力。

本章要点

- ◆ 商业空间店面与橱窗设计的发展
- ◆ 商业空间店面与橱窗设计的程序

本章引言

橱窗展示是商品宣传、销售的终端环节，也是消费者选择购买商品的开始。店面橱窗的展示是以品牌或者实际商品为主要展现对象的，巧用布景、道具，以背景画面装饰为衬托，融入创意、造型、色彩、材料、灯光、文字等诸多因素，进行品牌宣传、商品介绍的综合性设计艺术形式。橱窗作为一个多样化、多元化的传播空间表现，是店面的重要组成部分，是店面的“眼睛”。

1.1 概述

现代化的购物环境往往采用开放式的销售方式，购物环境的设计必须与商店的室内装修相协调，采用适合于销售商品的陈列、展示方式，如灯光照明、货架、货柜、展台、柜台等应方便顾客游逛；又如，广告招贴布置既要醒目，又要协调。

如今人们购物时不仅对商品提出诸多要求，而且对购物环境和购物形式也有一定的要求。商业空间店面与橱窗设计是时代进步的表现，可使人们体验到视觉空间的享受，同时也体会到购物的快乐。形式多样的购物环境满足了不同消费者的需要，促进了商业的发展及繁荣。

1.1.1 商业空间店面与橱窗设计的由来

商业空间店面与橱窗设计是商品社会的产物，也是工业革命发展的产物。随着社会生产的日益发展，人们对商业产品的消费水平逐渐提高，从而形成了多元化的产品社会。为了提高消费者对产品的购买欲，各制造商、经销商使用各种方法，吸引消费者的注意，使其对品牌或店面外观的设计产生兴趣进而对商品产生兴趣。例如，HERMÈS 丰富的橱窗展示形式（图 1.1）及 PRADA 店面强烈的色彩对比（图 1.2），无一不在刺激消费者的购买欲望。

图 1.1　HERMÈS 丰富的橱窗展示形式

图 1.2　PRADA 店面强烈的色彩对比

在 20 世纪四五十年代，我国工业产品非常缺乏，商品供求不平衡，只要有商品就不愁销售，而且各种商品都是限量供应，凭票购买。改革开放以后，市场才逐渐形成了商品日益丰富的局面。如今，商品供大于求，人们的购物习惯也产生很大的变化。一些优质的品牌产品占领了市场，商业空间店面与橱窗设计也逐渐受到重视。

橱窗展示其实质是为了促进商品的销售，它具有宣传告知的功能，能及时地将新的商品、新的设计潮流传达给顾客。橱窗的首要任务是产生较强的吸引力，使人驻足在橱窗前，吸引人的目光，以达到招揽顾客的目的。因此，它具有较高的商业价值。对于商业店面设计来说，它已不是简单的门面入口设计，而是指在商业销售场所中包含企业形象识别系统、展示和陈列等外部空间的设计。而作为商业展示的橱窗，已不是简单的商品广告视窗，而是一座城市的亮点，它能传达出这座城市物质生活的发展水平，能让人了解这座城市的地域特征和历史文化内涵，也能体现这座城市的精神风貌。例如，英国爱丁堡 White Stuff 服装配饰店（图 1.3）和中国澳门 EPISODE 服装店（图 1.4～图 1.5），都是设在具有历史文化内涵的古老建筑内的现代店面，店外散发着古老城市的魅力，店内弥漫着现代城市的气息。

图 1.3　具有历史文化内涵的古老建筑内的现代店面——英国爱丁堡 White Stuff 服装配饰店

图 1.4　具有历史文化内涵的古老建筑内的现代店面——中国澳门 EPISODE 服装店

图1.4 具有历史文化内涵的古老建筑内的现代店面——中国澳门EPISODE服装店（续）

图1.5 具有历史文化内涵的古老建筑内的现代店面——中国澳门EPISODE服装店局部

如果顾客凝视一件商品的时间在7秒钟左右，那么在这7秒钟内，他（她）就可以决定到底买不买这件商品。这就是视觉表现力的效果。

在一些现代化的大型商场里，还设有快餐店、酒吧、银行、游乐场等设施，这些设施的设计，也都与展示设计有关。在经济高度繁荣的都市，橱窗也是商业竞争的阵地。商店橱窗没有固定的规格和模式，多取决于商店建筑的格局和布局，通常有封闭式、开敞式和半开敞式等形式。橱窗的设计除了充分展示商品的功能外，还应考虑到多维空间的关系、立面构图、色彩调配、照明等诸方面的因素。

1.1.2 商业空间店面与橱窗设计的发展

商业空间店面与橱窗设计起源较早，它的发展历程大致可以分为以下四个阶段：

第一阶段，1900年，欧洲商业及百货业兴起，橱窗设计作为商品的一种销售方式和销售技术开始出现。

第二阶段，20世纪20年代到40年代，商品销售开始注重将店中精美的商品展示在橱窗中。在这个阶段，人形模特和衣架开始流行，并得到广泛应用。

第三阶段，20世纪40年代到60年代，由于第二次世界大战后人们的购买力增强，各种推销手段迅速发展，并且更加专业化，商场已不再只进行简单的布置而开始向视觉营销方向转变。

第四阶段，20世纪90年代后，在欧美很多国家，品牌旗舰店、概念店开始出现并流行起来。品牌旗舰店是为了适合品牌现阶段推广的整体策略而设计的规范店形象，设计师和经营者通过运用大量的橱窗设计方案和视觉设计方法来营造店铺的氛围，通过这样的形式来向消费者进行宣传。例如，日本东京青山高端购物区的Marc Jacobs旗舰店（图1.6）简洁的建筑外观和强烈的色彩对比，令人眼前一亮，在塑造品牌形象的同时，也给人留下了深刻的印象。

图1.6 日本东京青山高端购物区的Marc Jacobs旗舰店

商业空间商品陈列技术，特别是橱窗展示设计的发展，无疑是商业经济时代进步的一种标志。经过百余年的发展，橱窗展示设计已经成为推动商业发展的一种非常实用的手段。

1.1.3 商业空间店面与橱窗设计发展的特点

商业空间店面与橱窗设计所创造的环境是城市景观构成的主要因素，琳琅满目的商场、超市、专卖店、饭店、休闲酒吧、迪厅、美容美发厅等，是满足人们消费需求的前沿阵地，各具特色的店面带给人们不同的感受。中国加入世界贸易组织（WTO）后，市场结构已从卖方市场转向买方市场，从以商品为中心转向以消费者为中心。简单而言，过去那种“工厂生产什么就卖什么”的状况，已被“消费者需要什么就卖什么”的状况所取代。在这种新的市场形势下，谁能够准确地把握市场信息，看准消费时尚，谁就能获得顾客的信任，得以生存发展；反之则不然。例如，福州蓝调美发会所（图1.7）用下垂的水晶珠帘营造温馨的美发环境，让顾客在消费的同时体验到一种舒适浪漫的感受，深受女性消费者喜爱。

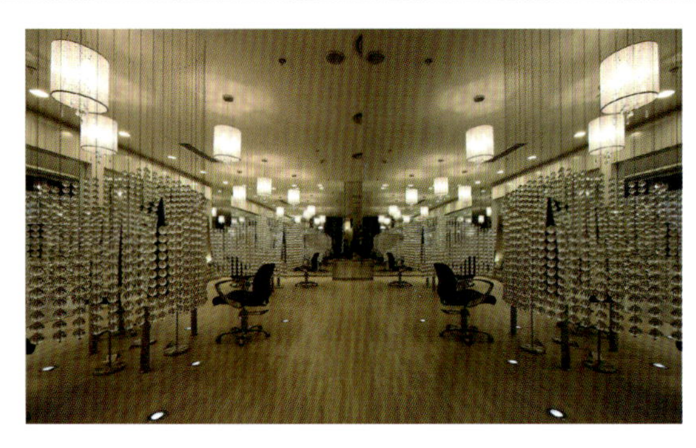

图 1.7　福州蓝调美发会所浪漫时尚的水晶珠帘

时至今日，商业空间店面与橱窗设计发展的特点可概括为以下几点。

1. 营销方式设计观念的变革

所谓营销方式是指营销过程中所有可以使用的方法。随着人们生活节奏的逐步加快、时间观念的日益增强，传统的购物方式——顾客只有通过售货员才能接触到商品——既浪费时间又缺乏情感沟通和自由选择的方式，已远远不能适应时代发展和顾客的消费需求，由此，促使自20 世纪 60 年代以来的营销方式向两个方向转变，即在极短时间内的“快速购物”和在较长时间内的“娱乐购物”。

“快速购物”是指能让消费者以最短的时间、最快的速度买到所需商品的销售方式。第二次世界大战结束后，在欧美各国兴起了“自选商场”，即现在的“超市”，以开架直销式系统满足了人们日益增加的消费需求。随着科学技术的不断发展，又相继出现了更为便捷的“通信购物”“电话购物”“电视购物”和“网上购物”等形式。这些购物方式更加方便了顾客，极大地节省了顾客的时间，如社区超市就是快速购物、开架直销式系统的代表。例如，美国阿肯色州本顿维尔市沃尔玛社区店店面（图 1.8）、美国明尼苏达州社区超级市场店面（图 1.9）等，它们都是同行业的典范。

图 1.8　美国阿肯色州本顿维尔市沃尔玛社区店店面

图 1.9　美国明尼苏达州社区超级市场店面

“娱乐购物”是指集购物、娱乐、休闲、观赏、交流、健身、美容等活动为一体的大型综合性营销服务方式。具有这种销售方式的商店通常是一幢综合性的商业大厦，除了有出售商品的商场、超市、专卖店之外，还设有音乐厅、画廊、茶社、酒吧、美容厅等空间，一改过去拥挤不堪、呆板单一的商店形象，成为多功能、综合性的经营群体。

2. 空间环境设计观念的变革

商场店内空间主要由“卖方空间”和“买方空间”两部分构成。传统经营形式的商店均以卖方空间为主，店内绝大部分空间被柜台、货架、商品和营业员占据，顾客通道和滞留空间相对狭窄，因此大大削弱了消费者购物的积极性。

现代商业空间店面与橱窗设计已将这种本末倒置的现象扭转过来了，尽量缩小陈列面积，并利用管材、板材和透明塑料进行货架制作，在物理空间和视觉空间方面均强调通透性、灵活性。这种形式在为顾客留有足够活动空间的前提下，更加注重对休息设施和宜人环境的创造，并增设导购系统装置，处处体现“以顾客为本”的营销理念。例如，上海 K11 一站式购物艺术中心（图 1.10）具有现代化的建筑外观、通透的入口大厅，增强了视觉上的通透性，可使顾客流连忘返。

图 1.10　现代商业空间——上海 K11 一站式购物艺术中心

3. 店面橱窗设计观念的变革

现代店面包括商场建筑物整体形象、主入口立面、招牌、橱窗、店外空间与景观设施等，是商店总体环境的外部形象系统，也是现代商业展示设计所倡导的店面设计系统新理念。追求店面的开敞与通透，通过格调鲜明的店面与外部环境设计，准确地表达商店的经营理念与特色，是当前商家和展示设计师所追求的目标。例如，ZARA 简洁的店面设计与建筑主体材料及色彩非常地协调统一，如图 1.11 所示。而一些传统的商店只有窄窄的门和窗，有的将窗户布置成橱窗，请名人题写店名，并制作立体字和招牌，显得千篇一律，缺乏特色。

图 1.11　ZARA 现代简约的店面

4. 注重文化理念和品牌形象的策划

在知识经济时代，知识经济已成为商家发展壮大的关键性资本。这些资本包括品牌、服务、信息、网络等，可使商家获得具有竞争力的资产。商家的经营理念、管理方法、企业文化等是其内在发展动力的资产，而员工素质、知识、技能、专家系统等是其支撑系统的资产。为此，有关专家提出全方位塑造品牌形象的八大经营操作板块：创立品牌、规划品牌识别系统、设计品牌符号、驾驭品牌传播、积累品牌资产、开展品牌延伸、建设品牌系统、实现品牌全球化理想。例如，ARMANI 第五大道专卖店在品牌形象的塑造上就做到了店面外观简洁大方、现代感十足，内部结构美观严谨，购物路线流畅且独具特色，如图 1.12 至图 1.14 所示。

图 1.12　品牌形象的塑造——ARMANI 第五大道专卖店外观

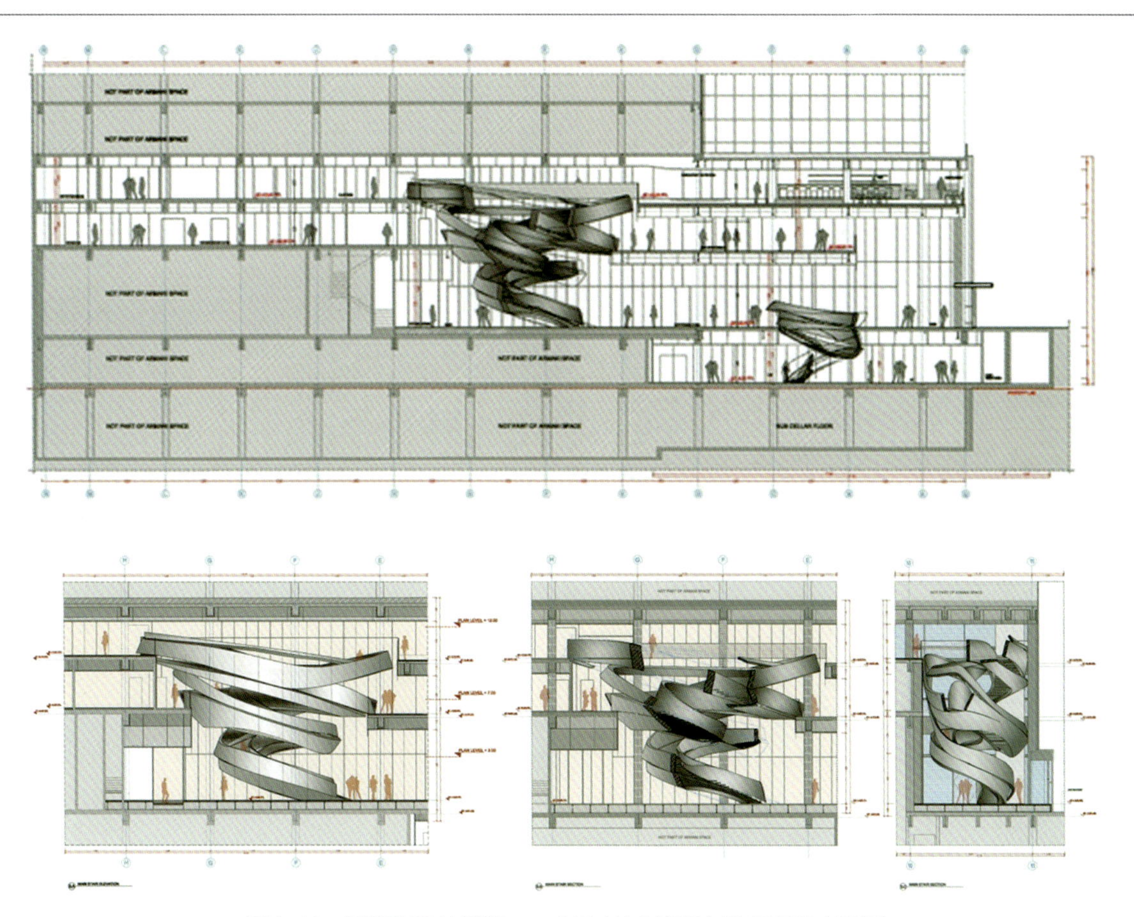

图1.13　品牌形象的塑造——ARMANI第五大道专卖店立面图

图1.14　品牌形象的塑造——ARMANI第五大道专卖店内景

5. 注重商品陈列的艺术性

将艺术美的形式法则广泛应用于商品陈列上，依照色彩、规划、造型等有序排列，构成富于秩序美感且容易识别的陈列空间；利用大幅灯箱画面、放大模型等方式做特写陈列；利用电动装置、摄像设备、多媒体技术、舞台灯光技术等手段，做具有较强视觉冲击力的动态陈列；

利用POP广告的特点做导向和导购陈列，能使顾客触摸、操作、演示、体验参与到互动式陈列中；等等。这些陈列技巧均是营造现代商业空间的流行做法（图1.15）。

图1.15　美国77kids服饰店富于秩序的店面橱窗及内部陈列空间

6. 注重商店装饰的时尚性

一般商店内陈设的商品都是最新产品，引领着人们的消费潮流。因此，商店的装饰装修形式应注重时尚性，采用新的设计方法、新的装饰材料、新的施工技术，准确、恰当地反映商店的经营特色和商品的时尚特性。例如，美国纽约的时尚服饰店橱窗（图1.16）中，利用特殊材料制成的模特、服饰，与橱窗黑色的背景相互衬托，体现了品牌的时尚性及其服装的特色。

图1.16　美国纽约的时尚服饰店橱窗

7. 注重设计的时效性

实践证明，人们对商业展示物的观赏都是在极短时间内完成的。来去匆匆的行人对街面广告、店面装修驻足细看的很少。商店里，顾客面对琳琅满目的商品也常常一扫而过。这些都是商业展示设计师所面临的巨大挑战，即如何在最短的时间里传递最大量的商品信息。

心理学研究表明，“知觉”审美效应强调的是瞬间观照，是在经验、理智的前提下，对事物本质内容的直观把握。这种瞬间观照，是客体刺激主体，从而引发主体情感反应，进而产生主客体交映，使主体在想象的过程中丰富客体形象，并在其心目中留下对于客体的鲜明感受和强烈印象。比如广告设计，就应在瞬间的审美感受中让观众获得商品的主要信息。电视广告“金鸡牌鞋油”的设计就是一个较成功的例子：喜剧大师卓别林脚穿着那双尽人皆知的大皮鞋走向观众，随后出来一只雄鸡往鞋上擦鞋油。这种新颖、紧凑的设计，加之巧妙地借用形象，使人们在嬉笑中迅速领会了广告所表达的内容。由此可见，现代商业展示设计应具有易视、易记、动人等特点，这样才能最大限度地达到招徕、传达、沟通的本质机能。拉维基和史坦纳曾对电视广告提出一个模式，指出人们从注意商品到购买商品的整个过程：注意→知悉→联想→喜好→相信→购买。在谈到商标设计时，鲁道夫·阿恩海姆曾感慨地说：“成功的生意总是与清晰易懂、简单明快的形状联系着。现代人快速和失调无序的生活方式，要求在刹那间将它们所代表的某种意义识别出来。”

简洁而又直接的店面标识，往往可以使消费者在入口处就能直观地看到商店的经营内容，能在极短时间内传达信息并招徕顾客，如图 1.17 所示。

图 1.17　通透的店面和各种简单醒目的招牌设计

现代商业空间店面与橱窗设计对知觉审美效应的追求和创造，既出于审美要求，同时也为了节省人力、物力、财力和时间，以适应现代人们的生活节奏、行为方式和审美情趣，使业主以最少且合理的支出，达到最佳的促销目的。

综上所述，商业空间知觉审美效应的研究和应用，将为现代商业空间店面与橱窗设计的发展开辟更加广阔的前景。

8. 注重设计的环境观念

商业空间店面与橱窗是构成城市人文景观的重要方面，所以在设计时必须充分强调其环境观念。商业空间店面与橱窗设计是存在于人和环境这个大系统之中的，因此，在具体设计时必须从整体空间出发进行综合设计。要依据店面所处环境的色彩、建筑风格、道路宽窄和气候等方面的特点进行综合考虑，这在店面橱窗展示、霓虹灯、招贴广告、电子显示广告设计中尤为重要。从整个城市总体规划及环境美的要求出发，应对商业空间的设计提出统一的要求和规划，经过系统的规划设计，才能形成琳琅满目的繁荣街景。现代商业建筑大都要求店面能够符合其建筑整体形象要求，如图1.18所示。反之，则会产生杂乱无章的感觉。

图1.18　商业建筑的整体性设计对店面的统一要求与规划

9. 注重设计的真实性

商业空间店面与橱窗设计要想最大限度地吸引、招徕顾客，就必须充分发挥设计者的创造力和丰富的想象力，创造出标新立异的审美形象。与此同时，商业空间店面与橱窗设计又必须注重审美创造的真实性，即所传达的信息必须准确，不能夸大其词、虚张声势，这也是现代商业空间店面与橱窗设计的重中之重。否则，不仅会失去信誉，还违背职业道德。传统经营琉璃制品的琉璃工房店面，古色古香的外墙和朴实的木质窗格，加上融合了民族文化和历史情感的琉璃展品，在展示商品的同时也体现了设计的真实性，如图1.19所示。木梳的代表品牌谭木匠，以其商品的原材料——木材为框架，设计了与其经营内容相符的店面橱窗，如图1.20所示。

图1.19　琉璃工房店面与橱窗设计

图1.20　谭木匠店面与橱窗设计

强调商业空间店面与橱窗设计的真实性，并不意味着否定表现手法的丰富性。相反，为了激发人们的情感，调动购买欲望，必须重视表现手法的独特性、丰富性。

10. 注重设计的时代感与民族风格

商品是一定社会生产力和科学技术水平发展的产物。从本质上讲，它体现着历史的演进和人类社会的进步。因此，作为商品与消费者之间信息媒介的店面与橱窗也必然带有鲜明的时代特征。现代商业空间店面与橱窗设计是运用先进科学技术和现代化的商业管理手段，利用社会大生产所带来的物质便利条件，通过多媒体的展示，创造出多变的视觉表达效果，并以崭新的商品展示理念去改变顾客的购物习惯。实践证明，成功的设计往往有鲜明的时代特色，能迅速吸引顾客。例如，如图1.21所示的具有时代感和工业感的adidas店面与橱窗设计。

图1.21 具有时代感和工业感的adidas店面与橱窗设计

在注重商业空间店面与橱窗设计的时代感的同时，也不能忽略民族风格。因为特定的地理、气候及其生活环境因素造就了各民族特有的生活习俗，对于图形、色彩、自然物、数字等有特定的情感反应，并形成一定的审美定式特征。因此，在进行商业空间店面与橱窗设计时，应对其进行定向分析，以迎合特定消费群体的审美需求和物质需求。另外，注重商业空间店面与橱窗设计的民族风格，还表现在对传统设计手法的继承和审美再创造等方面。当今，不同地区、不同民族传统文化的多样性极大地促进了旅游文化的发展。为迎合游客的观赏心理，设计师着力于艺术构思，借助于传统设计手法，创造出“仿古街市”等一系列店面与橱窗设计作品。此外，传统设计风格往往向人们暗示：该品牌为历史悠久的“老字号”，有信誉、质量过硬。例如，驰名中外的北京烤鸭名店——全聚德（图1.22）、远近闻名的上海老饭店（图1.23）等。

图1.22 北京全聚德外观

图 1.23　上海老饭店外观

1.2　商业空间店面与橱窗设计的程序

接到一个商业店面与橱窗设计任务后，设计者经过调查研究、设计构思、确定表现形式、绘制构思图，然后交客户审阅。定稿之后，开始选购材料，选择商品，制作道具，最后在现场进行放大绘制、陈列展示等工作，直至店面与橱窗设计完成。其中，调查研究和设计构思花费时间最多。在安排进度表时，要留出 2/3 的时间来调查研究和设计构思，1/3 的时间绘制构思图和现场陈设，“磨刀不误砍柴工”就是这个道理。

1.2.1　前期策划阶段

1. 调查研究——创意的基础

设计的根本，首先是资料的占有率，充分的调查。设计者通过大量地搜集资料并归纳整理，进而加以分析和补充，这样的反复过程会让设计思路逐渐清晰起来。比如要进行一个计算机专营店的设计，首先应了解其经营的层次，属于哪一级别的经销商，从而确定设计规模和设计范围。还需要取得公司的人员分配比例、管理模式、经营理念、品牌优势，来确定设计的模糊方向。其次，设计者通过和其他类似店面设计横向比较的方式，获取经验、发现问题；摸清店面的位置、交通情况，知道如何利用公共设施，如何解决矛盾。这些在资料搜集与分析阶段都应详细地进行分析与解决。这一阶段还要提出一个合理的初步设计概念，也就是艺术的表现方向。

设计师调查研究重点要面向市场，深入细致。一般要向业主询问以下问题。

(1) 关于商家的情况。商店规模，商品销售种类和品种；周边环境，消费对象；橱窗为专题性还是综合性，商品陈列由谁负责，橱窗设计计划投入多少资金，要达到什么目的。

(2) 业主的情况。该企业的历史及现状如何？企业经营理念和广告宣传策略是什么？企业标识使用情况，消费者的熟悉度如何？有无企业口号，是否需要修改或建立？

(3) 商品的情况。橱窗宣传商品的档次；商品的工艺、成本、市场反应、价格、使用方法、保存及维修方法如何；商品历史、产地及特点如何，是否有具体数据和比较；商品造型如何，在功能上是否有特殊方面需要介绍。

(4) 商品销售对象。销售对象的心理状态、生活方式、文化水平、经济收入。

(5) 市场的情况。注意竞争对手的宣传策略和手段。

(6) 其他方面的情况。在橱窗的表现形式上，商场方面及业主都有何要求，采用抽象还是具象的表现手法；在橱窗设计定位方面，是突出消费者、商品还是品牌，或者是两者结合、三者兼顾；整个橱窗的气氛是活泼还是严肃，是怀旧还是现代；橱窗展示是动态的还是静止的，灯光有何特殊要求。

2. 概要分析——设计的前提

以上调查完成后，应提出一个完善的和理想化的空间机能分析图，也就是抛弃实际平面而完全绝对合理的功能规划。不参考实际平面是避免先入为主的观念影响了设计师的感性思维。虽然有时设计师感觉不到限制的存在，但原有的平面必然渗透着某种程度的设计思想，在无形中会让设计师受到影响。

空间机能分析图完成后，便进入实质的设计阶段，实地的考察和详细测量十分必要，图纸与实际环境可能有很大差别，对实际环境的了解有助于设计师缩小设计与实际效果的差距。如何将设计师的设计理念融入实际的空间当中，是这个阶段所要做的。室内设计的一个重要特征便是只有最合适的设计而没有最完美的设计，一切设计都存在缺憾，因为任何设计都是有限制的，设计的目的就是在各种条件的限制下，通过设计，减少不利条件对使用者的影响。将理想的设计逐步落实到实际图纸当中，并根据实际情况决定次要空间的取舍，以整体和大局为主，是空间规划的原则。当空间的规划完成后，下一步便是规划完善设备布局。

1.2.2 初步设计阶段

前期策划完成以后就进入设计的初步阶段，它分为构思和定位两个部分。

1. 构思

构思是一种复杂的过程，它具体表现为调查研究所得到的材料要经过去粗取精，去伪存真，由表及里的分析、综合、比较、抽象、概括、系统化、具体化、形象化等过程。

商业空间店面与橱窗设计要表现的主题，概括起来有以下三个主要方面。

(1) 向消费者表明“我是谁”。

(2) 向消费者讲明“我要做什么”或是“我的商品卖给谁”。

(3) 向消费者声明“我的服务对象是谁”或是“我的商品是什么”。

这三点形成橱窗内容的核心。构思首先要明确表现重点，为了突出表现重点，需要研究定位设计的问题。

2. 定位

定位就是把事物放在适当的地位并做出某种评价。在这里，定位主要表现为突出重点。

(1) 设计定位突出品牌商标。

(2) 设计定位突出产品。把商品放在橱窗醒目的位置，直观地向消费者展示商品的外形，其他道具、色彩、图形处理要求非常简练，给消费者清新悦目的感受。还可以采取其他的处理手段，比如从商品特点、产品内部的先进结构、使用方法等方面来展示。

(3) 设计定位突出消费者。橱窗设计归根结底是为了吸引消费者，突出消费者关注、关心的元素才是设计的目的。

（4）设计定位中三者的关系。品牌商标、商品和消费者这三者都很重要，但在设计中只能突出其中的一两种。因为橱窗的空间有限，在设计时必须抓住消费者最关注的内容做文章。明确内容定位后，再做进一步的设计工作，同时考虑设计的表现形式问题。

1.2.3 设计深化阶段

1. 确定表现形式

确定商业空间店面与橱窗的表现形式应注意以下问题。

(1) 表现形式的定位。商业空间店面与橱窗设计除了商品本身之外，道具、图形、文字、色彩、灯光等，都是传递信息不可缺少的要素。商品是店面与橱窗设计者无法改变的，同类商品又到处存在。同类的商场橱窗陈列同类的商品，但由于表现形式不同，最后展示的效果也完全不一样。如何塑造生动的展示环境，如何准确地运用文字和设计字体，如何处理好色彩关系和灯光效果，都关系到能否有效地表现橱窗的主题。因此，表现形式的定位很重要。

① 利用道具和图形来表现品牌特色。

② 运用文字和字体的变化来表现品牌的特点。由于文字具有可读性，字体的变化具有观赏性，两者结合可以更好地突出品牌特色。运用文字表现商品品牌，要求品牌文字在字体设计上必须有特点，例如索尼、可口可乐的字体设计。

③ 通过色彩来表现商品。在商业空间店面与橱窗设计中，色彩基调是非常重要的。长期以来，消费者对商品陈设的色调已形成一个固有的概念，一般陈列品多用红色调，食品多用黄色调，家电多用灰色调，冰箱、冷柜多用蓝色调等。当然这些都是可以变换的，这只是为了迎合消费者的习惯印象。

(2) 表现技巧的选择。为了烘托橱窗的气氛，能够更生动地体现商品陈列的主题，需要借助不同的表现技巧。

① 陈述——运用商品本身来表现商品外观、功能等，可使人一目了然。对于新产品、高档产品更适宜选用此技巧。运用陈述技巧，格外注意视点、陪衬、质感；观察同一商品，可以从不同角度出发，视点的改变会影响视觉的效果，故在陈列时，根据橱窗的高低、大小、景深等，将同一商品多陈列几件，调整不同角度供消费者欣赏。

质感的表现要依靠光，缺乏光的商品是难以打动人的。橱窗除了自然采光，还需配上灯光照明，通过人为的光线配置使商品质感尽可能地表现出来。为了充分表现商品的档次，必须注意背景和道具材料、材质的选择和衬托，同时也一定要注意主体和陪衬的关系，不可顾此失彼。

② 对比——在商业空间店面与橱窗设计中，考虑到大宗商品使消费者一时难以下定购买的决心，除采用商品本身外，还可以通过比较的手法，与同类商品在功能上的比较，与同类商品价格上的比较，造型、使用便捷以及售后服务上的比较等，使消费者产生信任感，通过对比使商品更突出。而在比较中切忌贬低同类商品，而应力求突出本产品的特点。

③ 联想——由某一具体商品展示而诱发，使人产生联想的过程。这种想象具有积极意义，它使橱窗主题得到扩展、升华。对于很多抽象概念，无法用具体事物来表现，即可采用此法。

④ 借喻——在橱窗设计中，借用其他事物描述本体事物本质的手法，可以使本体形象更加生动感人，使宣传图更加形象化，比陈述的方法更耐人寻味。借喻要找出两种事物之间的相似之处，应具有一定的哲理。例如：在表现绒线的特质时，把绒线处理成鸟巢，几只可爱的小鸟卧在鸟巢中。这样的处理，把绒的温暖表现得淋漓尽致。

⑤ 夸张——抓住商品的某一特点加以夸大和强调，以反映出商品的本质。运用夸张的手段要注意适度，不可使消费者困惑；夸张变形是高度概括、提炼、美化，而不是丑化。

(3) 表现思维的创新。设计的生命在于创新。良好的素养需要厚积薄发。因此要努力培养设计师的发散思维，打破惯性思维的束缚。

2. 绘制效果图

绘制效果图可以使前面的一系列创意、构思、表现形式更加形象化和具体化。一幅表现完美的效果图，比任何文字说明都具有说服力，更容易产生共鸣。

3. 绘制施工图

施工图是橱窗道具制作的具体依据，一般以立面图、平面图来反映道具的形状、大小、高低以及前、后、左、右的关系。施工图必须标明详细尺寸与工艺材料。

1.2.4 设计实施阶段

1. 陈列布置

(1) 清理橱窗。将制作好的橱窗表面的残余材料清理干净。

(2) 背景处理。根据设计要求装饰橱窗背景板。

(3) 组装道具。先把靠近顶棚的道具组装好，再由上至下组装地上的道具。

(4) 陈列商品。按陈列样稿要求，把商品定位摆放。陈列商品时，应该先陈列靠近背景的，然后陈列靠近玻璃窗的，先从门的对角一边开始，依次向门的另一侧陈列。

(5) 标明价格。商品陈列之后，把预先制作好的价格标牌放好，把价格和商品对号安放并固定，不可错放。

(6) 检查灯光照明。依次检查重点光源和辅助光源以及重点区域照明，检查开关控制是否对应。

(7) 调整阶段。橱窗布置全部结束之后，设计师要打开灯光，站在窗外，从远、近、左、右各个角度仔细观察，发现不足，则及时进行调整。

2. 橱窗效果反馈

(1) 消费者注意程度。

(2) 对消费者产生的说服程度。

(3) 对商品销售产生的效果。

单元训练和作业

1. 作品欣赏

中国澳门 NICOLE 时装店，位于澳门渔人码头的一幢西班牙式建筑内，共两层，主营欧洲进口时装、饰品、工艺品，风格以年轻、时尚为主。

时装店的平面布置图，如图 1.24 所示。

一进时装店，门口镶有 NICOLE 标识的屏风立刻吸引了顾客的注意。黑皮包边，中间贴有闪光墙布，色彩对比强烈，亚克力材质的 NICOLE 标识更加引人注目，如图 1.25 所示。

整个店面与橱窗设计以黑、白、灰为主调，橱窗背景墙面装饰用清镜、灰镜、黑镜镶拼而成；展柜饰面用人造皮革、不锈钢、亚克力板为主要材料，给客人以全新的观感。由工艺玻璃及拉塑布构成的造型奇特的装饰柱，加之变幻的灯光及 LED 灯系统，使整个黑、白、灰色格调的空间幻化出奇异的色彩，为新款的时装创造了一个明亮、宜人的展示环境。Nicole 时装店的商品展示区，如图 1.26 所示。

不锈钢的时装展示架、时尚配饰的展示柜，都有较强的商品展示能力，能适应不断增加和变换的商品需求。时装店还设有顾客休息区，购物之余，顾客还可以稍作小憩，享受休闲购物的乐趣。

图1.24　中国澳门NICOLE时装店平面布置图

图1.25　中国澳门NICOLE时装店入口

图 1.26　中国澳门 NICOLE 时装店商品展示区

通往二楼楼梯间的墙壁上，在镶有灯光的大镜框内装黑镜，中间镶拼小镜，既可以起到装饰的效果，又可作为广告橱窗之用。

楼梯间的光纤吊灯、门厅口的感应式投影灯，加上合理的平面设计，营造出时尚、舒适的购物氛围。NICOLE 时装店的服饰区及公共区域，如图 1.27 所示。

图 1.27　中国澳门 NICOLE 时装店服饰区及公共区域

请根据以上实例的系列图片，结合本章内容，思考在本方案中，店面与橱窗的设计程序——在前期策划阶段、初步设计阶段、设计深化阶段、设计实施阶段分别进行了哪些项目操作？

2. 课题内容

在课堂上提供一个商业空间店面的原始平面图和基本建筑情况，根据所学的商业空间店面与橱窗设计的程序，以及自己对市场的考察和生活的理解，设计一个具有显著特色的店面，画出店面橱窗的外观效果图、平面布置图、立面图、剖面图，写出设计说明，效果图以马克笔工具形式为主。

课题时间：以专题形式做设计，限定时间为16课时，使用计算机绘制和手绘均可，通过时间限制和专题强化，训练集中思维和应变设计的能力。

教学方式：通过图片、PPT的形式进行具体案例的讲解和分析，着重分析案例中店面与橱窗的风格特征，如何通过材料、家具、风格、色彩、尺度等方面的设计来体现整体艺术氛围并引起消费者的注意。

要点提示：突出店面的特色，把握主题与风格，强调现代时尚购物的特点。

第2章 商业空间店面与橱窗设计要点

课前训练

训练内容：了解店面与橱窗设计的原则，并掌握店面与橱窗设计的要点，熟练运用色彩学、人体工程学、照明设计标准进行店面与橱窗设计。利用给定的建筑外立面，根据店铺的不同特点，进行平面草图的练习；根据平面草图，画出相应的立面图；根据平面和立面的设计，画出三度空间图形。

训练注意事项：全面学习店面与橱窗设计的基础课程，特别是设计基础课（平面构成、色彩构成和立体构成）；研究各种设计要素（形态的类别、构成和变化，色彩的基本现象与规律），各种构成和构图的方法及形式规律。

本章要求和目标

要求：学生需要掌握店面与橱窗设计的原则和要点，综合运用色彩学、照明设计标准、人体工程学及陈列艺术。

目标：根据设计的需求，对于具体类型的店铺，能够根据其品牌特点和经营项目，进行店面与橱窗设计，并运用规范图纸和方案设计进行设计表达。

本章要点

- ◆ 商业空间店面设计的概述
- ◆ 商业空间橱窗展示设计
- ◆ 人体工程学与店面橱窗设计
- ◆ 商业空间店面与橱窗照明设计
- ◆ 商业空间店面与橱窗色彩设计
- ◆ 商业空间店面与橱窗设计的材料应用

本章引言

现代社会中商业空间与人们的日常生活息息相关。广义的商业空间涵盖与商业活动有关的空间形式，而狭义的商业空间主要是指以商品售卖为主的公共空间形式，即商店或卖场。店面与橱窗设计作为商业环境布置最为重要的部分，涉及结构设计、色彩搭配、灯光照明、材料工艺等多方面专业知识的综合运用。

2.1 商业空间店面设计的概述

店面设计是一个系统工程，内容较多。人们对一个商店的认识是从外观开始的。在缤纷多彩的商业环境中，风格独特、新颖别致的店面不仅能很好地体现经营性质和经营范围、诠释品牌文化，也能反映商业定位，起到吸引与引导消费者的作用。店面设计主要包括门头设计、入口设计、招牌设计和店面标识设计。

2.1.1 商业空间店面的功能与类型

商业空间店面可分为广义和狭义两种。广义店面指的是店铺的整体空间，包括了内环境和外环境；狭义店面指商业环境中店铺的外表面。店面作为人们进入商店的主要通道，是外部环境与内部空间的过渡。同时，店面也起着形象展示与视觉吸引的重要作用。

商业空间店面代表着最直接的品牌视觉形象。作为企业商品销售的终端形式，店面设计是企业品牌形象展示和传递的有效途径之一。出色的店面塑造本身就是最好的媒体广告，一个优秀的店面设计不仅要具有美观性，同时还要有鲜明的个性特点和较强的视觉冲击力，这样才能成为品牌体验的直接载体，如图 2.1 所示。

【具有鲜明个性和强视觉冲击力的店面外观】

图 2.1 具有鲜明个性和强视觉冲击力的雪铁龙店外观

无论是一线国际品牌店，还是自主品牌店，店面均是通过明显的企业特性引导人们主动购物。在展示品牌的功能内涵与特色时，其丰富的造型、别致的装饰和适宜的购物环境，对人们产生积极的影响，诱发人们的购物欲望及行为，从而吸引被动消费群体。

商业店面的基本功能可以简单归纳为视觉吸引、信息传达、形象展示和美化环境。视觉吸引是店面设计的外观、造型、色彩、材料等，使人们产生兴趣并留下记忆，诱发人们购物的欲望及行为；信息传达，即对人们传递相关信息，如店名、品牌、经营特色、营业状态、活动及促销信息等；形象展示，店面形象是企业形象识别系统（CIS）的组成部分之一，不仅方便忠实消费者直接找到店铺，同时也对潜在消费者起着加深品牌印象的作用；美化环境，商业店面在对自身品牌宣传的同时，也美化了商业环境。形象各异的店铺组成的商业综合体是集群式特色商业街区，在城市中反映地域特色和历史文化特点，也是城市景致的构成部分，如图 2.2 和图 2.3 所示。

图 2.2　店面设计成为城市景致的构成部分

图 2.3　商业街店面外观反映城市的文化特点

根据其经营商品的特点和开放程度的不同，店面从外观通常可以分为以下三种类型。

1. 通透型店面

通透型店面一般不设橱窗，店铺的出入口一面全部开放，强调店内和店外的交流渗透，能够更直观地展示店内商品，如图 2.4 至图 2.7 所示。

【通透型店面图片】

图 2.4　WORLD OF RUNNING 采用全通透店面，在店外可直观地看到店内的环境和商品

图 2.5　MOLLY'S cafe 的通透型店面

图 2.6　Watch 店面设计具有较强的渗透性

图 2.7　Wjcon 形象直观的通透型店面

2. 半通透型店面

半通透型店面采用通透和封闭相结合的形式。一般会用大面积的落地玻璃作为与外界的隔断，出入口大小适中，人们在商店外面能看清店内的摆设。有时还会配以局部的橱窗陈列，经营服装、饰品等商品的店铺较多采用这种设计形式，如图 2.8 所示。

【半通透型店面图片】

图 2.8　FLOWER ENJOY 配以橱窗陈列的半通透型店面

3. 封闭型店面

封闭型店面是指将面向街面（或走道）的一面用橱窗或有色玻璃遮蔽起来，入口也会处理得比较小。封闭型店面可分为绝对封闭和相对封闭两种类型，当店面通透程度低于30%时，就属于相对封闭型店面，如图2.9所示。封闭型店面人们从外面很难看到店铺内部完整的装饰，这类店面多经营高档商品，它突出了经营贵重商品的特点，为进店的消费者提供优雅、安静的购物氛围。经营珠宝、首饰、钟表等高档商品的店铺多采用封闭型店面，如图2.10和图2.11所示。

【封闭型店面图片】

图2.9　TSE服装店用玻璃遮蔽店面

图2.10　LeoPi33o珠宝店入口较小，增加私密性

图2.11　LOUIS VUITTON的封闭型店面提供安静优雅的购物环境

2.1.2　商业空间店面设计的原则与要求

店面设计除了应遵循城市一般公共建筑的设计原则和要求，还应反映店面的品牌特征和所处商业区的购物环境氛围。店面设计是组成城市环境的形式之一，其本身就具有视觉环境艺术的特征，同时其外观造型、风格、色彩搭配、材质选择也与城市建筑风格、街区环境有着密切的联系。店面装饰设计作为城市整体环境艺术的一部分，与人居环境相互作用，形成城市环境中的空间艺术，如图2.12所示。

【PRADA 普拉达】

图 2.12　意大利品牌 PRADA，美丽又充满法国韵味的建筑，成为巴黎市的新地标

1. 识别性与诱导性设计

店面的立面造型与周围建筑的形式、风格统一，墙面划分的比例、尺度适宜，对比变化有节奏韵律，主从关系明确；入口、橱窗、匾牌、店标及广告、标志物等的位置、大小安排得当，尺度相宜，并具有明显的识别性与导向性。

(1) 识别性。

店面的识别系统是指利用视觉元素顺利、准确地传达相关信息，引起人们的视觉刺激，并在大脑中对接收到的信息记忆储存，用以辨识某种商品或品牌的特性。它包括三个部分，分别是“店面的经营理念”“文化及行为识别的展示系统”“店面的宣传规范”。店面的识别性，即能够让人们获得店面经营内容、产品种类和性质形象等信息。

识别性是各种实体性和实用性信息的统一整理，即企业经营行为、经营理念、经营哲学、规模、实力、产品及服务等，也是宣传企业的媒介手段。在店面设计中可以从以下几个方面获得这些信息：店面的外观设计，牌匾、店徽、橱窗展示的设计，灯箱、广告牌等标志物，如图 2.13 所示。

【店面识别性图片】

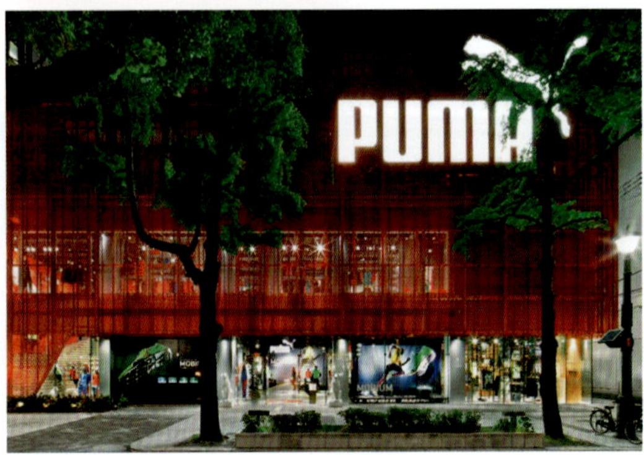

图 2.13　PUMA 店面红色的外观和易于识别的美洲狮标识，增强了店面的辨识性

Puma 专卖店的外观设计采用红色（品牌色）作为主色调，白色的企业标识在红色的映衬下极易辨识。外观、橱窗、广告牌等标志物在向消费者传递企业品牌文化的同时，也增强了专卖店的识别性。

(2) 诱导性。

诱导性是指店面具有诱导购物、招揽顾客的特性。店面的诱导性包括两个方面：视线诱导和空间诱导。视线诱导指通过个性的造型和独特的标志物来实现吸引人们视线的作用；空间诱导指加强入口处的设计，如临街店面可设计成凹进造型，创造出具有容纳感的过渡空间，如图 2.14 和图 2.15 所示。

图 2.14　PaCatar 餐厅具有引导性的入口

图 2.15　Saboten 餐厅通过入口铺装增强诱导性

2. 美学原理

形式美的基本原理和法则是对自然美加以分析、组织、利用并形态化。从本质上讲，就是变化与统一的协调。它是一切视觉艺术都应遵循的美学法则，贯穿于建筑、雕塑、绘画等在内的众多艺术形式之中，也应是自始至终贯穿于店面设计中的美学法则。运用形式美基本原理设计店面，应主要考虑比例、平衡、韵律、视错、变化与统一等几个方面。

(1) 比例。

比例是不同事物之间相互关系的定则，用来体现长度与面积，部分与部分、部分与整体之间的数量比。对于店面设计来讲，比例也就是店面各部分尺寸之间的对比关系。例如，入口与整体外观的尺寸关系，招牌的面积大小与橱窗大小的对比关系，橱窗与人体的尺度关系等，如图 2.16 至图 2.18 所示。虽然有些部分在建筑结构主体设计时已经确定，但在店面设计时往往可以进行一定的调整。当对比的数值关系达到了美的统一和协调，就被称为比例美。

(2) 平衡。

平衡包括对称式平衡和非对称平衡两种形式。对称式平衡是对比的双方面积、大小、材质在保持相等状态下的平衡，如果将这种平衡关系应用于店面，可表现出一种严谨、端庄、安定的风格，如图 2.19 所示。为了打破对称式平衡的呆板与严肃，追求活泼、新奇多变的造型，店面设计还可采用不对称平衡，这种平衡关系是以不失重为原则，追求静中有动，以获得不同凡响的艺术效果，如图 2.20 所示。

(3) 韵律。

韵律本是音乐术语，指音乐中音的连续、音与音之间的高低以及间隔长短在连续奏鸣下反映出的效果。在视觉艺术中，点、线、面、体以一定的间隔、方向按规律排列，并由于连续反复的运动产生了韵律，如图 2.21 和图 2.22 所示。这种重复变化的形式有三种：有规律的重复、无规律的重复和等级性的重复。这三种韵律的旋律和节奏不同，在视觉感受上也各有特点。在设计过程中要结合店面风格巧妙应用，以取得独特的韵律美感。

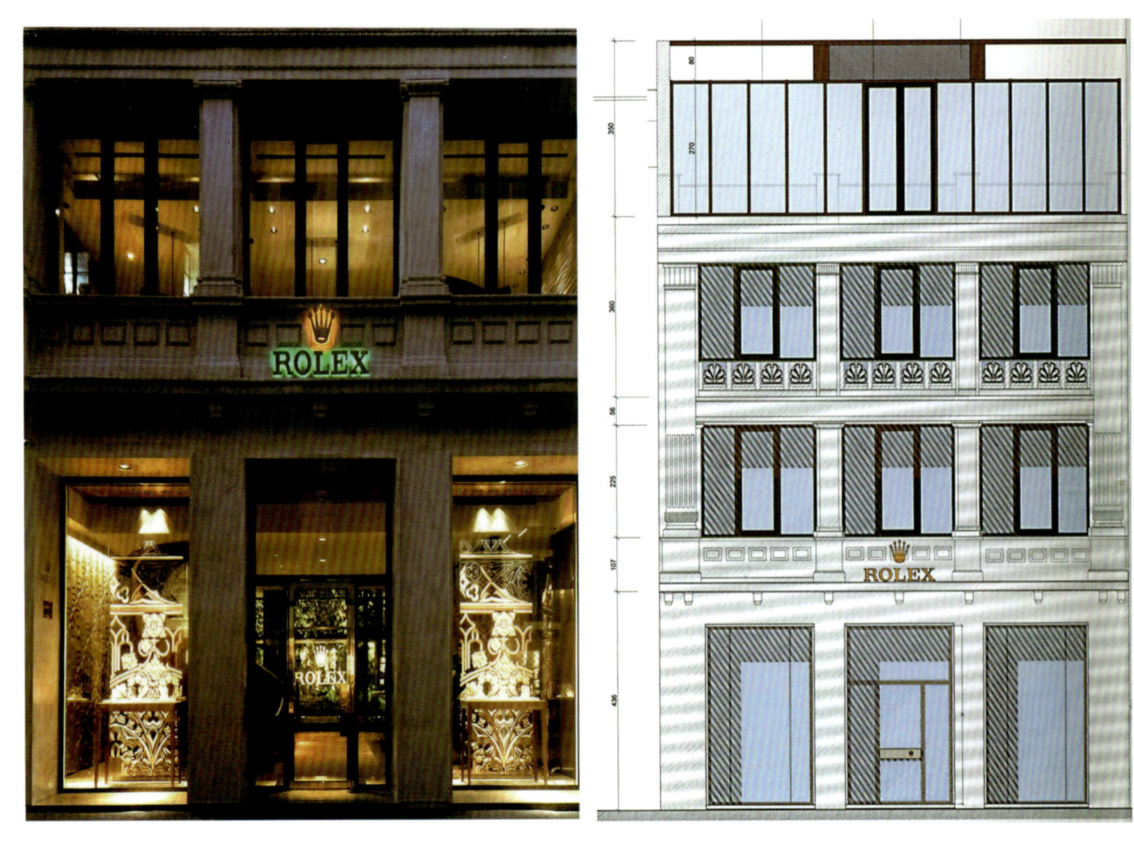

图2.16　ROLEX意大利旗舰店各部分的比例关系

【店面外观比例图片】

【ROLEX劳力士】

图2.17　招牌与橱窗的对比关系

图2.18　橱窗与人体的比例关系

图 2.19 LINEA PIU 时装店，对称式的店面造型具有安定端庄的视觉效果

图 2.20 GOBBI NOVELLE 时尚家具店外观，等形不等量的不对称平衡

【店面对称式平衡图片】

【店面非对称式平衡图片】

图 2.21 线、面、体连续排列形成节奏

图 2.22 线、面、体以几何级数排列产生韵律

【节奏韵律店面图片】

(4) 视错。

由于光的折射及物体的反射关系，或由于人的视角不同、距离方向不同以及人的视觉器官感受能力的差异等原因，会造成视觉上的错误判断，这种现象称为视错。例如：两根同样的直线，水平与垂直相交，会感觉垂直线比水平线长，如图2.23所示。中间两个面积相等的圆，但看起来右边中间的圆大于左边中间的圆，如图2.24所示。

【视错】

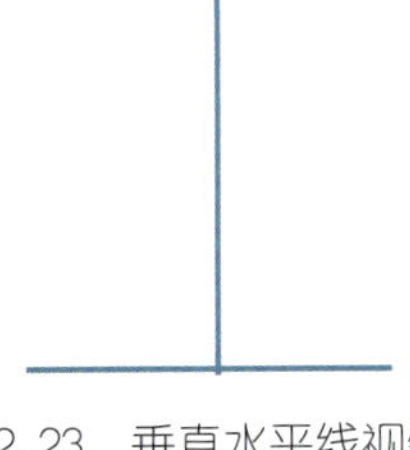

图2.23　垂直水平线视错

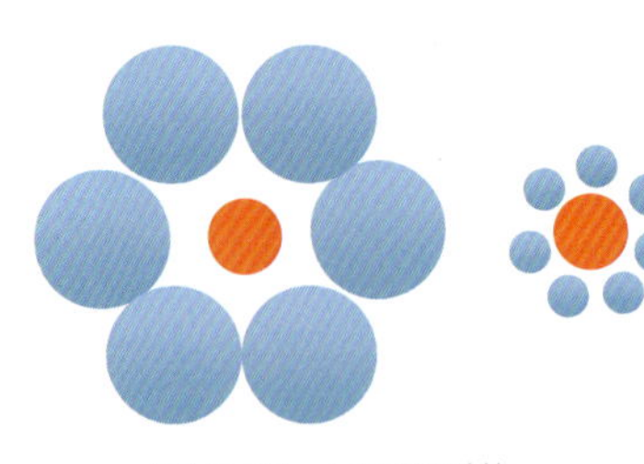

图2.24　面积视错

将视错运用于店面设计中，可以弥补或修补整体缺陷。视错在店面设计中具有十分重要的作用，利用视错规律进行综合设计，能充分发挥造型的优势，如图2.25所示。

图2.25　利用视错增强店面的尺度感

(5) 变化与统一。

变化与统一的关系是相互对立又相互依存的统一体，缺一不可。在店面设计中，既要追求造型、色彩的变化多端，又要防止各因素杂乱堆积缺乏统一性。在追求秩序美感的统一风格时，也要防止缺乏变化引起的呆板、单调的感觉，因此在设计时应遵循统一中求变化，在变化中求统一的原则，并保持变化与统一的适度感与协调感，如图2.26所示。

【变化与统一店面图片】

图2.26　Mikimoto旗舰店，差异和变化通过关联、呼应形成了协调的整体效果

2.1.3 商业空间店面门头设计

门头设计是商业建筑外观设计的重要组成部分，在很大程度上突出反映着商业建筑的特征和商业购物环境的氛围。在城市商业街中，除一些中小型商店具有体量相对独立完整的商业建筑外，大多数商店是住宅、办公楼等商业综合体的底层或一层至二层，这就决定了城市商业街店面门头设计的主要功能体现在以下两个方面。

1. 具有宣传性

店面门头在强调入口位置所在的同时，也起着识别建筑的性质的作用，它使消费者可以感知店内的经营内容、性质，并且引导人们购物，吸引顾客。不同类型的建筑，由于其使用目的和性质不同，它们的外部形态也各有不同，如图 2.27 所示。店面门头是识别建筑类型和表明经营内容及特征的最强视觉信号，能起到广而告之的作用。

【具有视觉信号的门头图片】

图 2.27　不同造型的门头是展现店铺类别和经营特色的重要手段之一

2. 体现品牌文化

店面门头设计是高度装饰性艺术的体现，它显示了一种文化，体现了时代与品牌的文化特征，是时代文化、区域文化、民族文化和品牌文化的综合体。店面门头除强化入口主题之外，还应根据经营特色营造出浓郁的文化特征，如图 2.28 所示。

店面门头设计是建筑外观设计中的重要构成元素，与入口形态紧密相连，也是建筑外观活跃的要素，既要与周围环境融合，又要能脱颖而出，体现品牌文化，如图 2.29 所示。

【体现品牌文化的门头设计】

图 2.28　具有传统特色的拉面馆门头设计

图 2.29　TOMORU 门头设计

2.1.4　商业空间店面入口设计

入口是介于建筑内部与外部的过渡空间，体现着店铺的经营性质与规模，显示立面的个性和识别效果，入口设计是一个品牌店的外在形象，也是体现品牌文化的视觉窗口。入口空间的设计元素包括：店名、品牌LOGO、门的开启方式、门口的大小尺度等。

店铺的位置与入口的形式通常有两种：街边店面入口和商场内店面入口。街边店面一般在建筑建成时就完成了入口形式的设计，受到建筑内部风格的影响，后期改造的可能性较小，对于这类店面入口的设计，应考虑因地制宜，在与建筑整体风格统一的前提下，延展店内的风格，以达到吸引消费者的目的，如图2.30所示。店中店大多数是在大型商场内部空间设置，相对于街边店铺几乎不受建筑风格的影响，在设计时根据商场的形象要求和规划标准，入口位置朝向相对固定，如图2.31所示。

图2.30　Levi's的店面入口设计延续店内的设计风格

图2.31　GALERIES LAFAYETTE的店面入口位置相对固定

店面入口的空间形式可分为平开式空间和内嵌式空间。平开式空间设计的店面入口开门与橱窗在同一条线上，没有进深差异，如图2.32所示。内嵌式空间是入口与橱窗不在同一条线上，开门后与橱窗形成内嵌式的入口空间形式，如图2.33所示。

图2.32　平开式入口空间

图2.33　内嵌式入口空间

入口设计应注意以下几点。

(1) 入口开设的位置，应该在人流相对较多的街道一侧。

(2) 入口处的品牌标识要醒目。

(3) 入口的空间应突出，即在立面上强调并显示入口的作用。可以将入口沿立面外墙水平方向后退，使入口处形成室内外空间过渡及引导人流的“灰空间”，如图2.34所示；或使与入口组合的相关轮廓造型沿垂直方向向上扩展，起到突出入口的作用。

(4) 构图与造型的创新，通过对入口周围立面的装饰构图和艺术造型，从而创造出具有个性和识别效果的入口，如图 2.35 至图 2.37 所示。

图 2.34　入口成为连接内外环境的过渡空间

图 2.35　装饰构图以增加入口的识别性

图 2.36　店面入口的个性造型 1

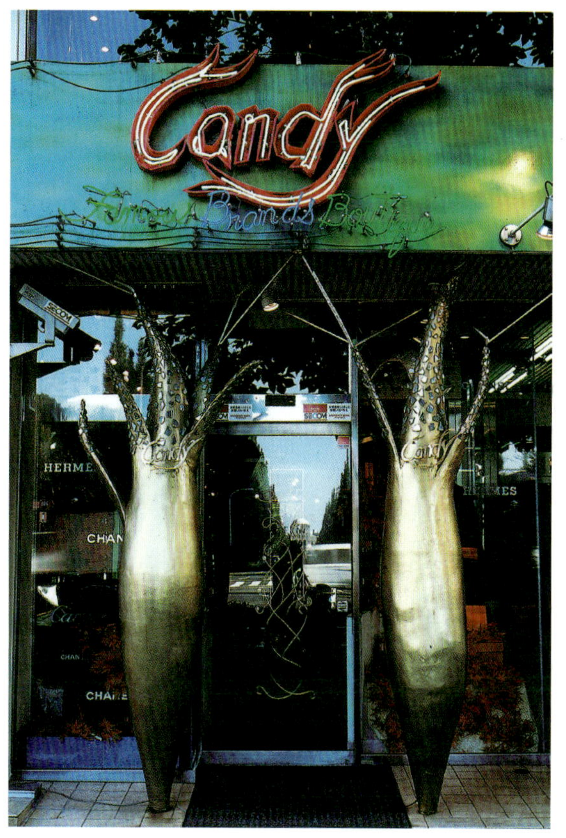

图 2.37　店面入口的个性造型 2

2.1.5　商业空间店面招牌设计

商店的招牌是最具有概括力和吸引力的广告宣传，也是最直接地向消费者传递商店经营范围和商品特色信息的媒介。招牌设置的位置、尺度、造型等都需要从商店的形体和立面，以致街区的环境整体来考虑，招牌和广告要求具有醒目和愉悦的视觉效果，力求设计精心、造型精美、选材和加工制作精细，由于其设置在室外，因此在耐冷热、抗风等方面也都有较高的要求。

1. 招牌设计形式

具有视觉效应的招牌，往往在店面整体协调中又具有个性，既点明主题又易于识别，它们是店铺外观的有机组成部分。

商店的招牌设计，根据连接和固定的构造方式，通常分为下列 4 种。

(1) 悬挂式：招牌或广告直接悬挂于店外墙面或其他构件上，如图 2.38 所示。

(2) 出挑式：招牌或广告从店外墙面悬臂出挑，如图 2.39 所示。

图 2.38　悬挂式招牌

图 2.39　出挑式招牌

(3) 附属固定式：招牌或广告的字体图案（或连同底板）直接固定在外墙、面、雨篷上或建筑物的檐部上端。

(4) 单独设置式：招牌或广告以平面或立体的形式独立设置于商店前的路面上或屋顶上，如图 2.40 所示。

图 2.40　单独设置招牌

2. 招牌的材料运用

招牌的底板材料，多采用薄片大理石、花岗岩、金属不锈钢板、薄型涂色铝合金板等装饰材料。

招牌文字材料，因店而异，可选用铜质、瓷质、塑料、木质等材料。铜质字常用于店铺面积较大，外观要求考究的店面；定烧瓷质字具有不生锈，反光强度好的特点；塑料字具有光泽度高，制作简便的特点，但易老化、褪色、变形，因此使用寿命相对较短；木质字也具有制作方便的特点，但易受气候影响出现裂缝，使用时需要经常保养并上漆。

招牌设计除了在形式、用料、构图、造型、色彩等方面给消费者以良好的心理感受，还需要研究人们在人行道上、街上，或者在行驶中的车里的视觉感受。有时为了满足人们从不同视角、视距的观看要求，可以在店面房檐上部和贴近入口、橱窗处分别设置招牌。

2.2 商业空间橱窗展示设计

每当我们走在时尚的百货商店或购物街，最先映入眼帘的就是橱窗。一个富有创意与想象力的橱窗设计，不仅能迅速建立品牌形象，还可以通过内外环境搭配而构成的立体空间，引起人们的好奇心，刺激消费。有人说，“如果把店铺看成一本杂志，橱窗就是封面”，可见它对促进商品销售、传播品牌文化有着重要的意义。

2.2.1 商业空间橱窗的构造与功能

橱窗是店面的重要组成部分，它处在商品宣传、销售的终端环节，是当今世界广为采用的立体广告形式。现代的橱窗展示艺术是多元化的，可以是平面，也可以是媒体影像，无论何种表现形式，都应以展现品牌定位、获取目标人群的关注和认同为设计的出发点。

美国市场营销协会研究表明，人们注意商品的时间通常为 3 秒钟，如果在这 3 秒钟的时间内决定要购买此商品，70% 是因为商品的视觉表现力。可见橱窗设计对于商品销售的重要意义。

【BVLGARI 宝格丽】

在现代商业活动中，橱窗既是一种重要的广告形式，也是装饰商店店面的重要手段。一个构思新颖、主题鲜明、风格独特、手法脱俗、装饰美观、色调和谐的店面橱窗，与整个建筑结构和内外环境构成一幅立体画面，能起到美化店面，提升品牌形象，促进消费的作用，如图 2.41 所示。

图 2.41 BVLGARI（宝格丽）展示店的橱窗设计

橱窗的基本功能主要包括以下 3 点。

1. 建立与消费者的沟通桥梁

橱窗位于店铺最易让人们看到的位置，是最能有效演示或展示商品的区域。通过对橱窗的设计与布置，将需要展示或交流的信息传递给消费者。

2. 广告宣传，传播企业经营理念

橱窗正如一个位置固定的广告，而且比起其他的广告形式，它离顾客更近且费用低。如果我们把店铺比作一个人，那么橱窗就是它的眼睛，橱窗的好坏决定店铺是否更具有吸引力。成功的商业橱窗功能规划，除了能实现广告宣传，还能增强人们对企业品牌的认识，提升品牌价值，培养潜在客户，促进品牌营销战略的展开。

3. 推广新品，传递店内产品信息

橱窗设计以高效传递信息为根本宗旨。销售信息是橱窗当中最常见的内容，橱窗通过展示销售信息，让顾客及时了解店铺内待销商品的情况；比如换季降价（打折）信息、新品上市信息等。

2.2.2 商业空间橱窗的结构和类型

橱窗作为一种空间的分隔方式，可以有意识地利用空透和界定两个元素，使两个空间相互渗透、虚实相间，从而增强空间的层次感。常见的橱窗划分方式有两种：一种是按其构件完整程度，另一种是按其空间设计类型。

1. 按构件完整程度

橱窗一般由底部、顶部、背板、侧板几个部分组成。根据构件的完整程度，橱窗可分为如下几种。

【封闭式橱窗图片】

(1) 封闭式橱窗。

封闭式橱窗具有上述全部构件。橱窗的后面装有壁板，使橱窗与店内销售空间完全隔开，形成单独的空间。封闭式橱窗的一侧安装可开启的门，供陈列人员布置商品。通常在顶部留有充足的散热孔或安装其他通风设施，以调节内部温度，保护所陈列的商品，如图 2.42 所示。

图 2.42 商业街上封闭式橱窗

在大型综合性商场内宜采用封闭式橱窗，对商场内的人员流动情况几乎没有影响。而在商业街上设置封闭式橱窗则会对店内自然采光产生影响，店内则要以人工照明为主。这是封闭式橱窗的局限性，想要获得良好的空间效果，就必须利用设计技巧来实现空间的扩展。

【敞开式橱窗图片】

(2) 敞开式橱窗。

敞开式橱窗，即橱窗直接与店内空间相通，人们通过橱窗可直接看到店内景象。这种形式对于展示商品和吸引消费者均具有特殊作用，这种形式使橱窗空间界定减弱，淡化道具展品产生的视觉感染力，而优点是人们可以从不同角度观赏陈列商品，店内展示立体感强。

【半封闭式橱窗图片】

敞开式橱窗用通透和直观的方式，增添整个店面的空间感，并重新对完全通透的店面进行了划分，如图 2.43 所示。

图2.43　敞开式橱窗

(3) 半封闭式橱窗。

半封闭式橱窗是介于前面两种形式之间的橱窗。橱窗与店内采用半隔绝、半通透材质物件相隔，使得橱窗相对独立，又与店内空间产生良好的交流。这种形式的橱窗使人们可从街上观看到橱窗陈列情形，又不会减弱橱窗自身的视觉引力，橱窗展示与店内外环境相融，虚实相间，以营造更丰富的空间层次。

选用“借景”的手法，将封闭空间改变成为与另一个开放空间相结合，使空间的层次更为丰富，将呆板的空间变得通透、含蓄，使空间产生流动多样的效果，构造橱窗空间层次，如图 2.44 所示。

2. 按空间设计类型

根据空间朝向，橱窗分为前向式、双向式和多向式 3 种类型。

(1) 前向式橱窗。

前向式橱窗是指橱窗呈直立壁面，单个或多个排列，面向街外或面对通道，一般情况下人们仅在正面方向上看到所陈列的商品，如图 2.45 所示。

(2) 双向式橱窗。

双向式橱窗是指橱窗平行排列，面面相对伸展至商店入口，或设于店内通道两侧，橱窗的背板多用透明玻璃制作，人们可在两侧观看到所陈列的商品，如图 2.46 所示。

图 2.44　半封闭式橱窗

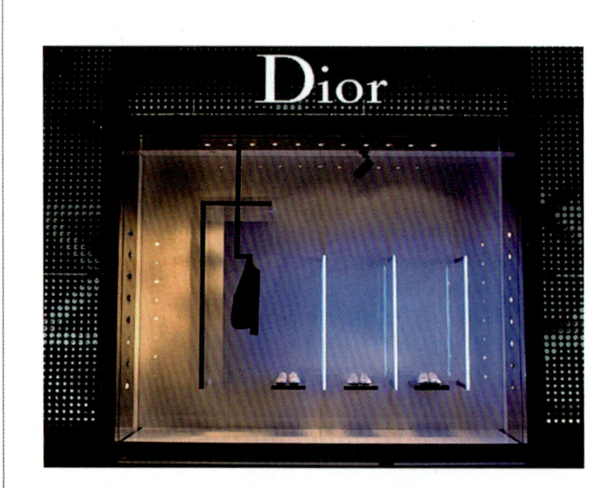

图 2.45　前向式橱窗

图 2.46　双向式橱窗

(3) 多向式橱窗。

多向式橱窗往往设于店面中央，橱窗的背板、侧板全用透明材料制作，人们可从多个方向观看到陈列的商品，如图 2.47 所示。

图2.47 多向式橱窗

【前向式橱窗图片】

【双向式橱窗图片】

【多向式橱窗图片】

2.2.3 商业空间橱窗陈列的方式

橱窗的陈列形式多种多样，主要有以下几种。

1. 系统陈列式

系统陈列一般应用于大中型店面橱窗，橱窗的面积较大，在陈列时可以按照商品的类别、性能、材料、用途等因素分别组合陈列在一个橱窗内的陈列方法。系统陈列有以下四种类型：同质、同类的商品系统陈列；同质、不同类的商品系统陈列；不同质、同类的商品系统陈列；不同质、不同类的商品系统陈列。同质、同类商品系统陈列是指同一类型、同一质料制成的商品组合陈列，如同质、同类的灯具或者帽子陈列，如图2.48和图2.49所示；同质、不同类商品系统陈列是指同一质料、不同类别的商品组合陈列，如瓷盘、瓷碗、瓷杯、瓷壶等组合的瓷制品橱窗；不同质、同类商品系统陈列是指由不同原料、同一类别制成的商品组合陈列，如项链、耳环、手表组成的饰品类橱窗；不同质、不同类商品系统陈列是指把不同制品、不同类别却有相同用途的商品组合陈列橱窗，如桌布、花瓶、烛台、果盘、餐具组成的陈设品橱窗，如图2.50所示。

图2.48 同质、同类灯具陈列

图2.49 同质、同类帽子陈列

图2.50 不同质、不同类商品陈列

2. 专题陈列式

专题陈列是围绕某一个特定的事情、广告为专题中心，以适应季节或特殊事件，可分为：节日陈列、事件陈列和场景陈列。

节日陈列是以庆祝某节日为主题的节日橱窗专题，如图 2.51 和图 2.52 所示；事件陈列是以社会上某项活动为主题，将关联商品组合起来的橱窗；场景陈列是根据商品的用途，把有关联性的多种商品在橱窗中设置成特定场景，如图 2.53 和图 2.54 所示。

图 2.51　法国巴黎春天百货公司的圣诞橱窗

图 2.52　Holt Renfrew 圣诞橱窗

【系统陈列式橱窗图片】

【专题陈列式橱窗图片】

图 2.53　DIESEL 场景陈列

图 2.54　HERMÈS 场景陈列

3. 季节性陈列式

将商品依据季节集中进行陈列，随着季节的变化，同一品牌在不同的季节陈列出的商品则有所不同，如春秋季的外套、风衣展示，夏季的夏装、凉鞋展示和冬季的皮草大衣展示，如图 2.55 所示。应季购买是大多数消费者的购买心理，而这种陈列手法可以充分地满足这一消费心理。

图 2.55 春冬季服装展示

4. 特写陈列式

特写陈列指用不同的艺术形式和处理方法，在橱窗内集中介绍某一产品，可分为单一商品特写陈列和商品模型特写陈列等。单一商品特写陈列是将重点推销的商品单独展示在橱窗内，如图 2.56 和图 2.57 所示。商品模型特写陈列是使用模型替代实际商品，这种形式用于体积过大或过小的商品。

【特写陈列式图片】

图 2.56 重点推销商品单独陈列

图 2.57 Dunhill 手表特写陈列

5. 综合陈列式

综合陈列是指将多个商品陈列在同一橱窗内，通过综合陈列可形成具有平面广告效果的完整性，如图 2.58 所示。在使用综合陈列式时，如果不能综合考虑完整效果，很容易起到反效果，不仅无法突出商品，还有可能产生杂乱的视觉效果。综合陈列的橱窗布置可以分为横向布置、纵向布置和单元布置三种布置方式。

图 2.58　横向布置的综合陈列橱窗

2.2.4　商业空间橱窗的表现手法

1. 直接展示

直接展示是将道具、背景减少到最小程度，让商品本身说话。运用陈列技巧，通过对商品的折、拉、叠、挂、堆，充分展现商品自身的形态、质地、色样式等，如图 2.59 和图 2.60 所示。

图 2.59　某品牌洁具的挂、排展示

图 2.60　某品牌衣服排列展示

2. 寓意与联想

寓意与联想可以运用部分象形形式，以某一环境、某一情节、某一物件、某一图形、某一人物的形态与情态，唤起消费者的种种联想，产生心灵上的某种沟通与共鸣，以表现商品的种种特性。

寓意与联想也可以用抽象的道具通过平面的、立体的、色彩的表现来实现。生活中两种完全不同的物质、完全不同的形态和情形，由于其内在美的相同，也能引起人们的心理共鸣。橱窗内的抽象形态同样加强人们对商品个性内涵的感受，不仅能创造出一种崭新的视觉空间，而且具有强烈的时代气息，如图 2.61 和图 2.62 所示。

图 2.61　保暖服与冬季联想

图 2.62　蓝色寓意着海洋

【夸张与幽默陈列图片】

【寓意与联想陈列 - 周大福】

3. 夸张与幽默

合理地将商品的特点和个性进行夸张，使其美的因素明显夸大，强调事物的实质，给人以新颖奇特的心理感受。贴切的幽默，通过风趣的情节，把某种需要肯定的事物，无限延伸到漫画式的程度，充满情趣，引人发笑，耐人寻味。幽默可以达到既出乎意料又在情理之中的艺术效果，如图 2.63 和图 2.64 所示。

图 2.63　蚊香的夸张

图 2.64　商品与头发的幽默

4. 广告语言的运用

在橱窗展示中，恰当地运用广告语言，更能强化主题。根据橱窗展示的特点，使用标题式的广告用语要简短、生动、富有新意、易于记忆，同时，广告用语的表现手法要做到鲜明、突出，以获得较强的视觉冲击力，从而实现信息传达和广告宣传的目的，如图 2.65 和图 2.66 所示。

图 2.65　Nike 橱窗广告语的运用

图 2.66　简短、生动的广告增加吸引力

2.2.5 商业空间橱窗陈列法则

橱窗陈列要遵守三个原则：一是以别出心裁的设计吸引顾客，切忌平面化，努力追求动感和文化艺术色彩；二是可通过一些生活化的场景使顾客感到亲切自然，进而产生共鸣；三是努力给顾客留下深刻的印象，通过商业橱窗的巧妙展示，使顾客过目不忘。

人们由于经济地位、文化素质、生活习俗、思想观念、价值观念等不同会有不同的审美观念，为了使大多数人对于某种事物或某种视觉现象产生一种基本的共识，在橱窗陈列过程中，应依据形式美法则来表现主题。形式美法则是人类在创造美的形式、美的过程中，对美的形式规律的经验总结和抽象概括。商业橱窗陈列中主要运用的形式美法则有如下几种。

1. 重复与渐变

重复是不分主次关系的将相同形象、颜色、位置、距离反复并置排列。以一种形式进行左右或上下反复并置，称为二方连续式，如图 2.67 所示；上下、左右同时反复并置，称为四方连续式，如图 2.68 所示，重复并置的特点是具有单纯、清晰、连续、平和、无限之感。

图 2.67 二方连续式

图 2.68 四方连续式

渐变，含有渐层变化的阶梯状特点，或渐次递增，或逐次减少，在橱窗展示陈列中，可对商品采用某种渐变的展示形式，如图 2.69 所示。食品类、日用百货类、服装布料类商品均可采用这种形式进行陈设。

图 2.69 某品牌皮包的渐变展示

【重复与渐变陈列图片】

2. 对称与均衡

对称，即在画面中心画一条直线，以这条直线为轴，其上下或左右的内容相同，称为对称，或称均齐。对称具有一定的规律性，是统一的，正面的、偶然的，对生的，在商业展示中，对称的手法常被采用，如图 2.70 和图 2.71 所示。

均衡，即在无形轴的左右或上下各方的形象不是完全相同，但从两者形体的质与量等却有雷同的感觉，均衡富有变化，具有一种活泼感，是侧面的、奇数的、互生的、不规则的。商业展示中常常把支持点放在焦点之上，距离中心点较远一方陈列商品较多，较近一方陈列商品较少，但在感觉上却能获得平衡，如图 2.72 和图 2.73 所示。

图 2.70　对称是人类最早掌握的形式美法则

图 2.71　绝对对称应避免呆板和沉闷

图 2.72　均衡追求体量上的平衡

图 2.73　在不对称中追求均衡

3. 调和与对比

调和，是把两个相同性质不同量的物体，或把两种不同性质但相近似的物体并置在一起，给人以融合统一的舒适感觉，在艺术表现形式中，常常体现在形的统一、色的统一、主调的统一，如图 2.74 所示。

对比，是将两种形象有明显差异的物体并置在一起，形成明显的对照。在商业展示艺术形式中，通常表现为形的对比，色彩的对比，虚实、肌理等方面的对比，如图 2.75 和图 2.76 所示。在商业展示设计过程中，应根据其主题与整体结构的需要，侧重调和，给人以舒适统一的感觉，或充分运用对比，造成生动活泼、新奇动人的最佳视觉效果。

图 2.74　适度的对比

图 2.75　色的对比

图 2.76　虚实对比

【调和与对比陈列图片】

4. 比例与尺度

比例，是指在一个形体之内，将其各部分关系安排得体，如大小、高低、长短、宽窄等形成合理的尺度关系。尺度则指标准，是设计中的力量、评价等基准。换而言之，尺度是设计对象的整体或局部与人的某种特定标准之间的计量关系，完美的设计离不开协调均称的比例尺度。

【节奏与韵律陈列图片】

5. 节奏与韵律

节奏，是根据反复、错综和转换、重叠原理加以适度组织，使之产生高低、强弱的变化，在商业设计艺术表现形式中，通常表现为形、色、音的反复变化，有时表现为相间交错变化，有时表现为重复出现，有周期性的相间与相重构成律动美感，如图 2.77 和图 2.78 所示。

图 2.77　HERMÈS 2012 夏季主题橱窗

图 2.78　HERMÈS 2014 “运动人生” 主题橱窗

2.3　人体工程学与店面橱窗设计

人体工程学研究的内容包括生理学、心理学、环境心理学和人体测量学等。人体因素包括生理和心理两个方面，并且包含了影响人们使用工具和创造人工环境等方面的诸多因素。在反映店面橱窗设计中，包括照明的明亮程度、声音的强弱、材料的触感等，对人的行为具有影响。

2.3.1　人体工程学与空间环境设计的关系

人体工程学起源于欧美，最先是在工业社会中开始大量生产和使用机械设施的情况下，探求人与机械之间的协调关系，作为独立学科已有 40 多年的历史。第二次世界大战期间，军事科学技术的研究已经开始运用人体工程学的原理和方法，战争结束后，各国把人体工程学的实践和研究成果，迅速有效地运用到空间技术、工业生产、建筑及室内空间环境设计中。

有专家认为：“人体工程学是探知人体的工作能力及其极限，从而使人们所从事的工作趋向适应人体解剖学、生理学、心理学的各种特性。”人－物－环境是密切地联系在一起的一个系统，人体工程学解决的是人工作效能和安全问题的科学。在这个体系中，“以人为本”是其基本宗旨，人处于主导地位，环境和物都是为人服务的，如图 2.79 所示。

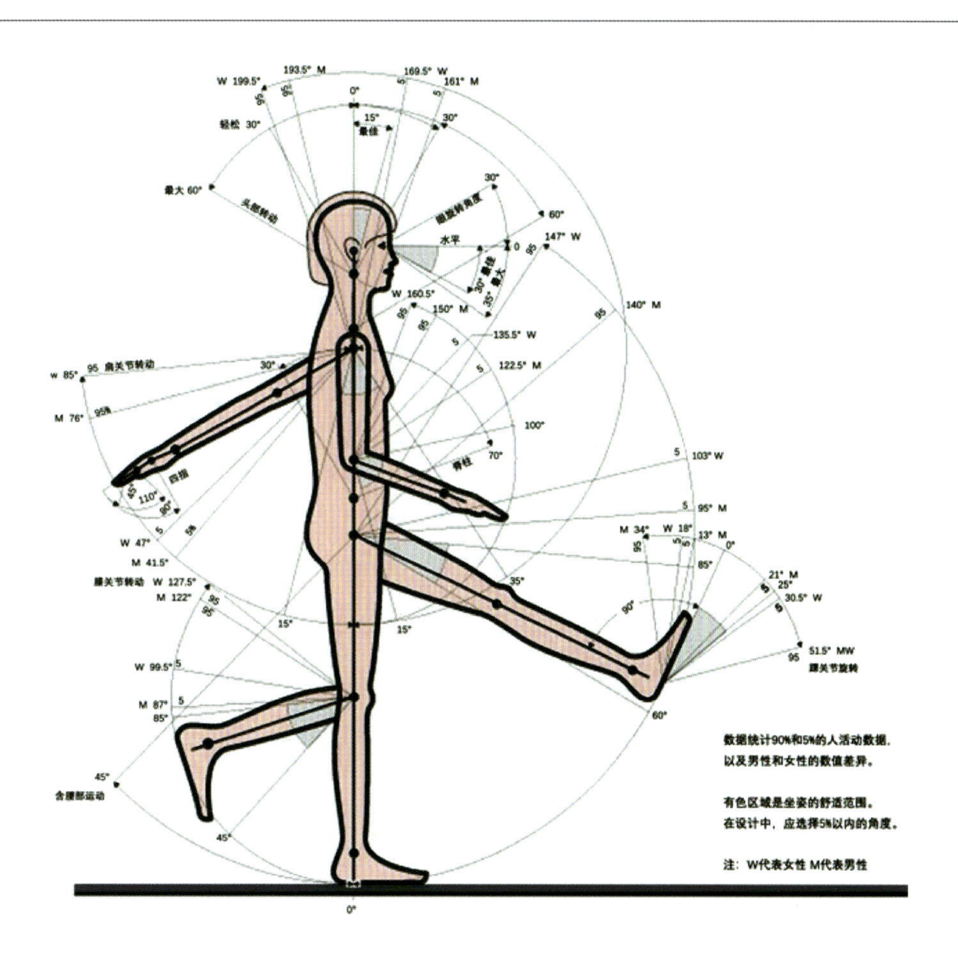

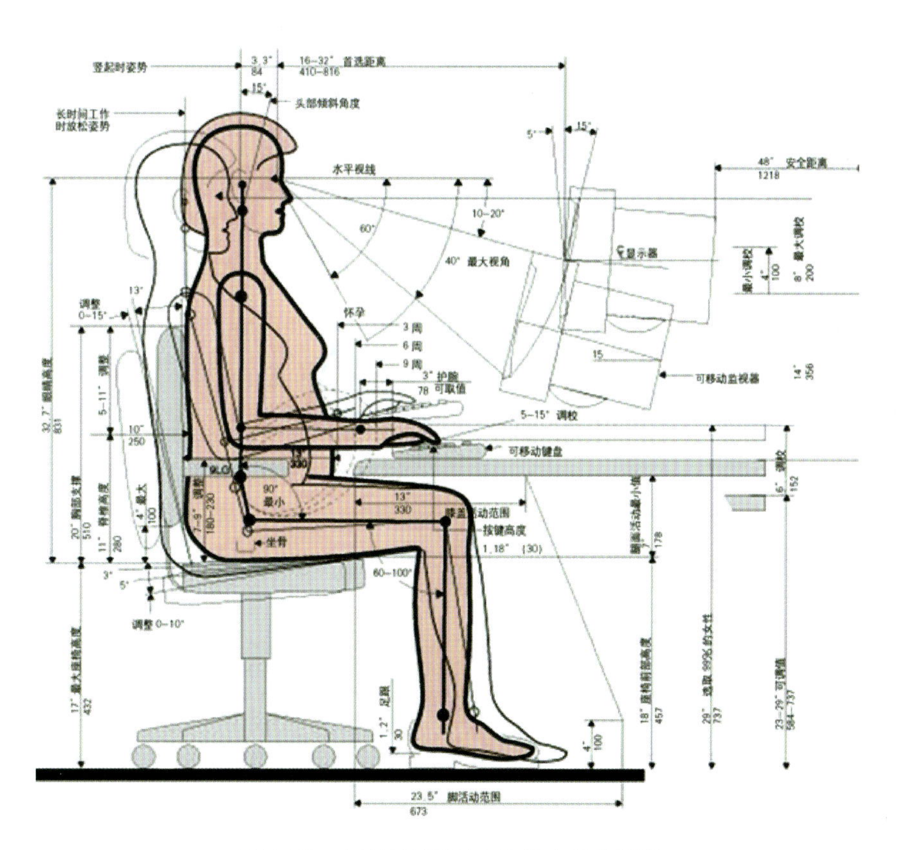

图 2.79 人体工程学对人体坐立行的研究

由于人体工程学是一门新兴的学科，而人体工程学与室内环境设计的研究在逐步深化，根据现有的研究结果，人体工程学在室内环境设计中的应用有以下几点。

(1) 确定人在室内活动范围的主要依据。根据人体工程学的测量数据，从人、动作区、心理空间和人际沟通的空间比例，来确定该空间的范围。

(2) 确定家具的形式、设施的尺度及使用范围。家具等设施的使用主体是人，因此设计时要以人体的测量数据为依据，用以确定家具设施本身的形状、尺寸，同时要为人们在使用家具设施时预留足够的活动空间，保证使用时的舒适性。对于空间较小但不需要长时间停留的空间，满足人在使用时的最小尺度即可，如橱窗的检修通道。

(3) 提供最佳的室内物理环境参数供人体使用。室内物理环境包括室内热环境、声环境、光环境，诸如重力、辐射环境，根据人体工程学的研究则可以正确地进行物理环境的设计。

(4) 测量的视觉元素提供了室内视觉环境设计的科学依据。人眼的视力、视野、光感、色彩等视觉元素的相关数据都是可以通过人体工程学的测量数据得到。

2.3.2 空间尺度研究

人体尺度是人体工程学最基本的内容，空间环境中的一切都是为人服务的，即空间环境中的各种尺度都应符合人体的尺度要求。人体尺度是指人体在活动时所占的空间范围，了解人体尺度才能创造良好的空间环境。

人体的基础数据有人体构造、人体尺度以及人体活动时的区域范围等有关数据。其中，人体构造是与人体工程学关系最为密切的。人体尺度则是人体工程学研究的基本数据。人体动作域是人们在空间环境中活动范围的大小，它是确定空间环境尺度的重要依据之一。

空间环境设计时人体尺度具体数据的选用，要考虑在不同空间与防护状态下，人们的动作和活动的安全，在评价空间环境的基础上，确定大多数人的使用尺寸，同时保证使用过程中的安全性。例如，橱窗离地的高度、橱窗的高度及深度计算时，应按照大多数人的使用高度进行。

确保店面橱窗设计使用的舒适性，在设计之初就应分析店面和橱窗的空间尺寸、道具尺寸、展品尺寸等。各个方面都必须符合构造尺寸和功能尺寸。同时也要掌握人的运动规律，在活动状态下，人们完成各种动作的空间尺寸。有关空间设计必须考虑人的体形特征、动作特征和体能极限等人体因素。满足人与人、人与物、物与物的交流与沟通，以此减轻人的生理、视觉和心理的疲劳程度，如图 2.80 所示。

在橱窗设计时，空间尺寸的界定尤为重要。例如，尺寸较小的商品，人们在远距离无法看清它的细节和形状，因此，它就适合近距离观看。而相对于人的尺寸过大的商品，则适合放在距离相对较远的地方展示，如图 2.81 和图 2.82 所示。因此，橱窗展示空间不仅仅是物理上的空间，它也是人的空间，应该从人的使用角度去理解和设计空间。

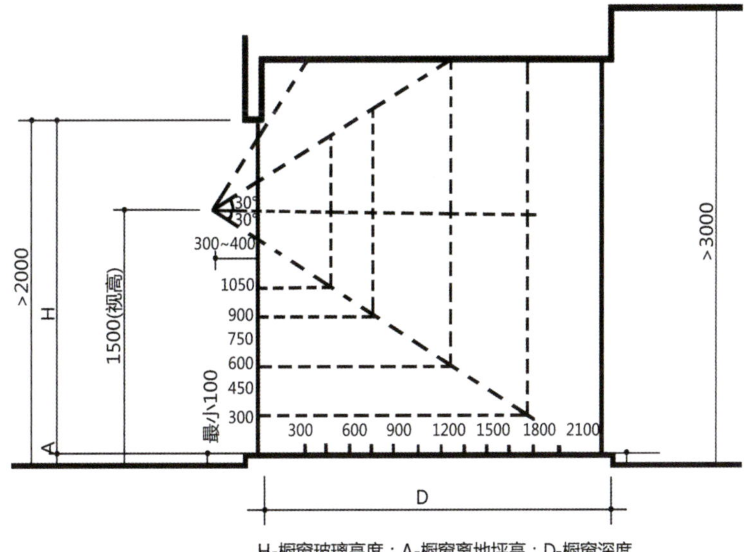

【橱窗设计尺寸实例】

图2.80　橱窗设计尺寸范围

图2.81　小尺寸的商品适合近距离观看

图2.82　大尺寸的商品则应远距离观看

2.3.3　视觉研究

视觉是人类获得信息的重要途径之一，也是商业空间设计成功与否的关键所在。商业店面橱窗设计要充分考虑人的视觉特征，避免视错现象。视野是指当头部和眼球固定不动时所能看到的正前方空间范围，或称静视野，常以角度表示。眼球自由转动时能看到的空间范围称为动视野。视野通常用视野计测量正常人的视线范围，如图2.83所示。在设计过程中，应掌握视觉运动规律，巧妙地运用人的视觉规律，增加信息的绝对和相对强度。同时也要掌握视觉的传达效率，水平方向视区的最佳范围是在中心视角10° 以内，在此范围内人眼的识别能力最强，垂直方向视区的最佳范围是视平线上下30° 左右。在橱窗陈列设计时应合理地安排布局商品，有效地调整商品之间的高度和距离，从而形成高低错落，疏密有致的格局，最终达到突出商品的主次关系，形成强化整体的视觉效果，如图2.84和图2.85所示。

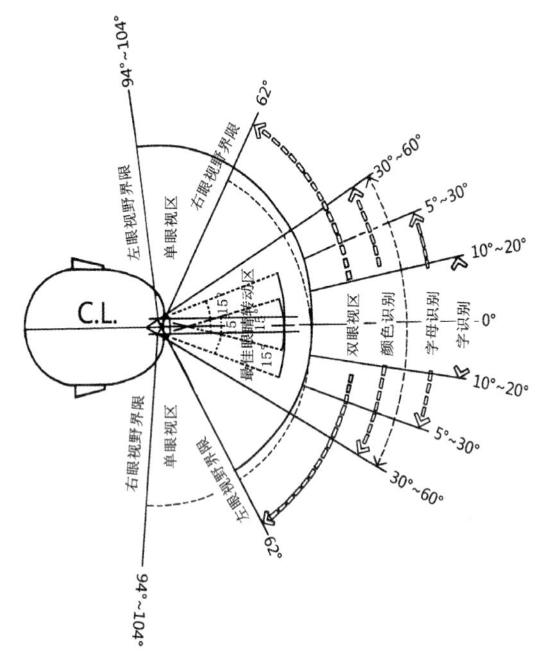

图2.83 正常人的视线范围

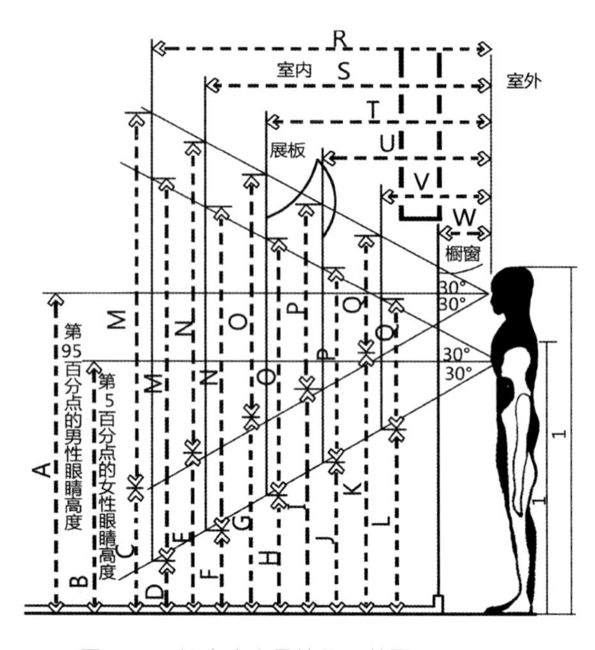

图2.84 橱窗广告最佳展示范围

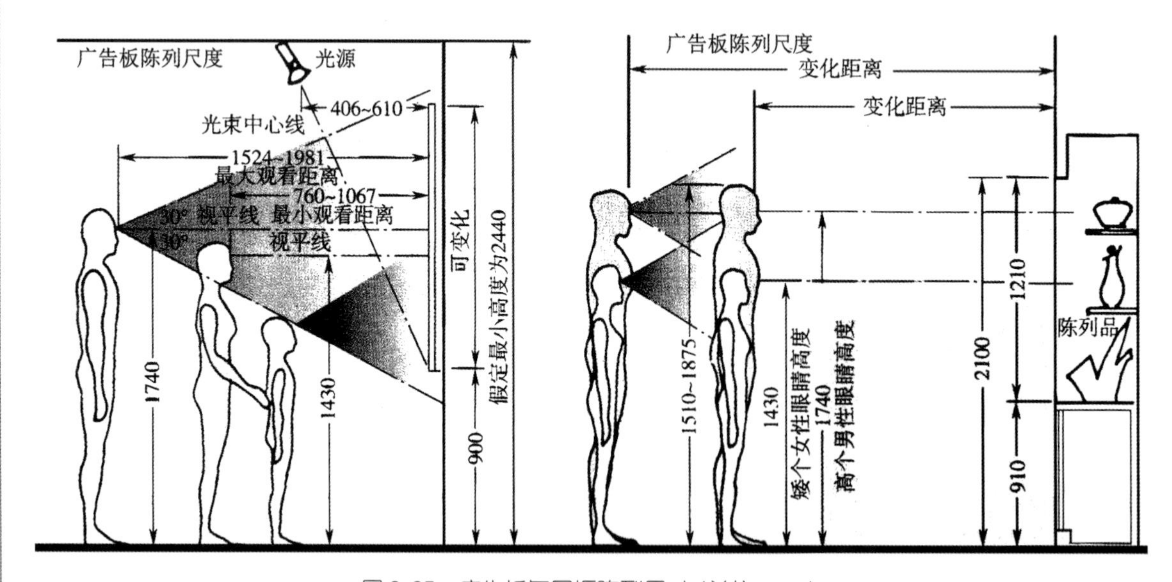

图2.85 广告板与展柜陈列尺寸（单位：mm）

2.3.4 心理研究

【具有视觉冲击的橱窗设计】

心理学是研究人的心理活动及其自然规律的科学。商业空间店面橱窗设计是以展示、招引、传达和沟通为主要机能的交流空间，其功效的生成与人的心理要素有着密切的关系。在设计时一定要注意人的心理过程和心理特征。商业空间服务的对象是广大顾客，所以设计要具有视觉吸引力，通过视觉上的冲击和心理上的共鸣引起人们进入商店和购买的兴趣，最终实现与顾客的沟通和交流，如图 2.86 所示。在陈列过程中，可以通过主题意向性和刺激物的深刻性来吸引人的注意。例如，在橱窗运用主题展示方式或一定的表现手法将商品的内涵进行提炼，通过道具的配合处理，吸引人们的视线，引发人们的好奇心，诱发人们的购买欲望，如图 2.87 所示。

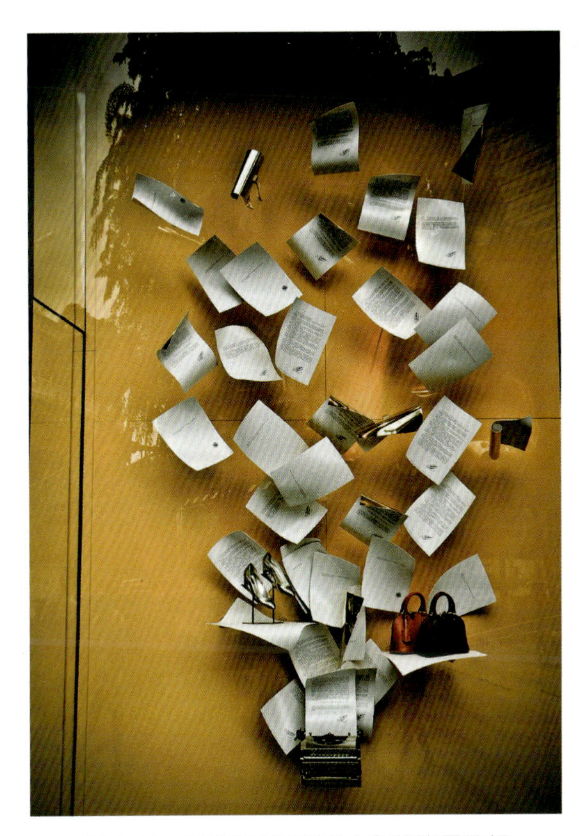

图 2.86　创意橱窗能诱发人们的购买欲望

图 2.87　主题展示吸引人们的注意

2.4　商业空间店面与橱窗照明设计

商业空间中店面橱窗的灯光照明可以提升空间的审美价值，为空间赋予个性，同时能起到调节空间的作用。因此，照明是商业店面橱窗营造氛围的重要手段之一。店面的照明设计可以分为三个部分：招牌照明设计、橱窗照明设计和外部照明设计。照明设计不仅能增添商品的展示效果，而且能更好地烘托环境气氛，增加店面的艺术与时尚气息。

2.4.1　照明设计的基本理念

由于历史的原因，照明设计一直未得到应有的重视，即使在照明较为重要的商业展示空间，普遍的认识仍只是选择几台灯具，照亮空间、照亮商品而已。事实上，在照明设计过程中应考虑灯具形式是否与空间环境协调，照明效果是否恰当地塑造了空间形态，照明数量与质量能否有效地配合，灯光是否对消费者的生理和心理产生了积极的影响，以及照明灯光的调配控制、节能与创造舒适性光环境的协调等。随着时代的发展，照明设计不能局限于照明环境和商品，而应该更多地考虑到与消费者的互动。同时，照明也在整个销售过程中起着重要的作用，如图 2.88 所示。

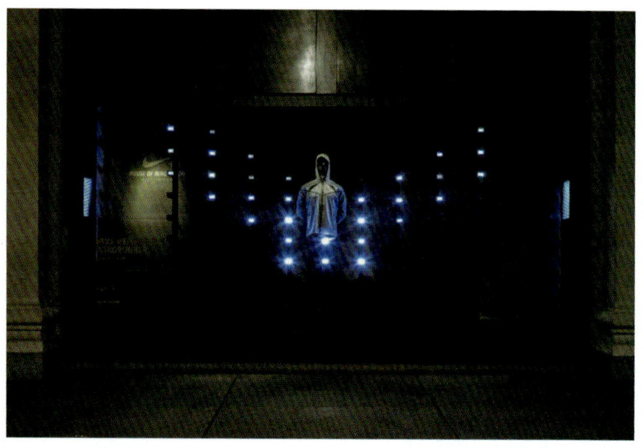

图2.88 照明设计在商品销售过程中起着尤为重要的作用

【照明设计图片】

众所周知，照明环境往往影响着消费者选择商品时的心理感受，明亮的环境不仅可以为消费者创造良好的购物环境，也能够使商品具有表现力，从而诱发消费者购买商品的欲望。照明设计是一个系统工程，光的作用不仅仅是把空间照亮，更重要的是突出商品本身的风格特征。因此，了解照明的物理属性就显得尤为重要。

色温是指光波在不同能量下，人类眼睛所感受到的颜色变化。色温的公制单位是 Kelvin，缩略表示为 K。不同光色的光，有不同的色温度，例如当光源色温度在 3000K 以下时，光色开始有偏红的现象，给人温暖的感觉；色温度超过 5000K 时，颜色则偏向蓝光，给人清冷的感觉。因此光源色温度的高低变化将影响室内的气氛。例如，白炽灯泡的色温度为 2700K，有温暖的感觉，如图 2.89 所示。一般市面上的照明产品多标有色温度，可按需选择。

照度是反映光照强度的一种单位，其物理意义是照射到单位面积上接收可见光的能量，照度的单位是勒克斯（Lux 或 Lx）。在照明设计时，应对各种照明源进行综合技术估算，才能设计出合理的照明方案，如图 2.90 所示。

显色性就是指不同光谱的光源照射在同一颜色的物体上时，所呈现不同颜色的特性。通常用显色指数（Ra）来表示光源的显色性。光源的显色指数越高，其显色性能越好。

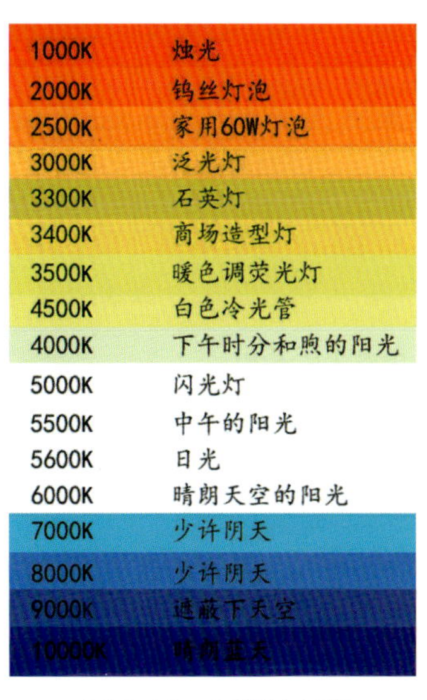

图 2.89　光源的色温

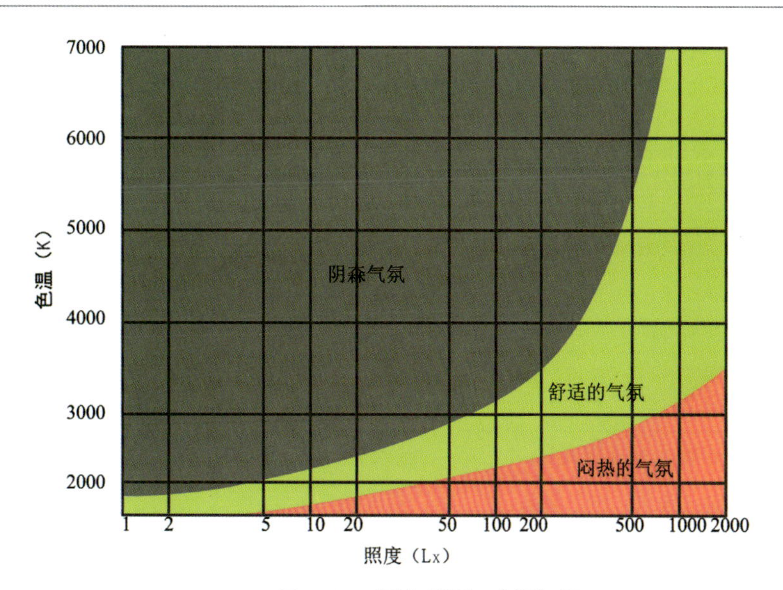

图 2.90　照度色温与房间氛围

依据《商店建筑设计规范 JGJ48–2014》的规定，商业空间按商品类别来选择光源的色温和显色性：商店建筑主要光源，在高照度处宜采用高色温光源，低照度处宜采用低色温光源；主要光源的显色指数应满足反映商品真实性要求，一般区域 Ra 可取 80，需反映商品本色的区域 Ra 宜大于 85；当一种光源不能满足光色要求时，可采用两种或两种以上混光复合光源。各类商店建筑常用光源的色温、显色指数、主要特征及用途可参照表 2-1 的规定。

表 2-1　商店建筑常用光源的色温、显色指数、主要特征及用途

<table>
<tr><th colspan="2">光源</th><th>色温（K）</th><th>显色指数（Ra）</th><th>主要特征</th><th>主要用途</th></tr>
<tr><td rowspan="2">白炽灯类</td><td>白炽灯</td><td>2400～3000</td><td>～100</td><td rowspan="2">• 亮度高
• 发光效率低、发热大
• 稳重、温暖
• 寿命短</td><td rowspan="2">• 营业厅部分照明，或主要商品的局部或重点照明
• 低照度营业厅可选择一般照明
• 高照度面积大的营业厅，不宜选择一般照明</td></tr>
<tr><td>卤素灯</td><td>3000</td><td>～100</td></tr>
<tr><td rowspan="3">气体放电灯类</td><td>荧光灯</td><td>6500
（日光色）
4800
（白色）</td><td>63～99</td><td>• 扩散光发光效率高
• 色温、显色性的种类多
• 寿命长</td><td>• 营业厅的基本照明
• 可按各类商品要求，选择色温和显色性</td></tr>
<tr><td>荧光水银灯</td><td>3300～4100</td><td>40～55</td><td>• 发光效率高
• 单灯可获得较大光束
• 显色性差
• 寿命长</td><td>多用于商店外部照明</td></tr>
<tr><td>金属钠盐灯</td><td></td><td>63～92</td><td>• 效率高，显色性好
• 外管有透明和扩散型</td><td>• 用于商店的入口
• 商店内的高顶棚
• 小瓦数用于局部照明和点光源</td></tr>
</table>

不同商品所需要的照度标准不同，如表 2-2 所示。

表 2-2　商店、百货商店照度标准

商品名称	照度等级					
	aaa（lx）		aa（lx）		a（lx）	
	明度标准	照度范围	明度标准	照度范围	明度标准	照度范围
	2000	3000～1500	1000	700～300	500	300～150
服装（绸缎、西装、杂物、帽子）	陈列窗的重点陈列		商店内的重点陈列，陈列窗的一般照明		商店内的一般陈列	
伞、鞋、运动器具等	陈列窗的重点陈列		商店内的重点陈列		陈列窗一般陈列的照明	
食品（罐头、肉、蔬菜、干菜、面包、糖果）			重点陈列		一般陈列	
文具、图书、玩具			陈列		商店内一般照明	
照相器材、钟、钟表、眼镜、乐器、电器照明	重点橱窗		一般橱窗、陈列窗一般照明		商店内一般陈列的照明	
医疗器材、药品、化妆品	重点陈列		陈列窗、橱窗一般陈列		商店内的一般照明	
家具、五金、餐具、杂货			重点陈列		商店内的一般照明	
商场（菜市、合作社的售货店等）					商店内的一般照明	
百货商店	陈列窗一层的重点橱窗		一般陈列，一般照明		以创造气氛为中心的陈列	

注：标准照度是指在距地面 0.80m 的工作面上的照度。

成功的商业空间照明不仅能照亮商品，更能制造光和影的层次和效果，渲染和营造氛围。如图 2.91 和图 2.92 所示的店面外部照明，使门口、橱窗与入口形成对比，丰富了门店的光影效果。

图 2.91　Cartier 店面外部照明

图 2.92　AIMÉ PÂTISSERIE 店面外部照明设计

店面橱窗的照明在展示商品中起着重要的作用，具有雕塑感的照明会更加吸引人注意。如图 2.93 所示为 Holt Renfrew 的橱窗，射灯从模特的前上方照射，使模特和服装更具有立体感。

【橱窗照明设计图片】

图 2.93 Holt Renfrew 的橱窗照明设计

2.4.2 照明设计的基本原则

人们已经习惯在有光线的空间活动。人在生理和心理上都对光产生了依赖性——天然本能的向光性。光照能让人感觉到希望与温暖，商业空间照明设计的重要性不言而喻，它对完善空间功能、营造空间氛围和强化环境特色等都起着至关重要的作用。

做好一个商业照明设计，首先要了解以下几方面。

(1) 店铺的经营内容，以及店面橱窗要求采取什么样的照度最合适。

(2) 从视觉角度提出照明环境的组成，合理选择光源。

(3) 明确照明范围，店面橱窗的光线分布不是平均的，某些部分亮，某些部分暗，亮和暗的面积大小、比例、强度对比等，应根据店铺的性质、商品的类型等来确定，如图 2.94 和图 2.95 所示。

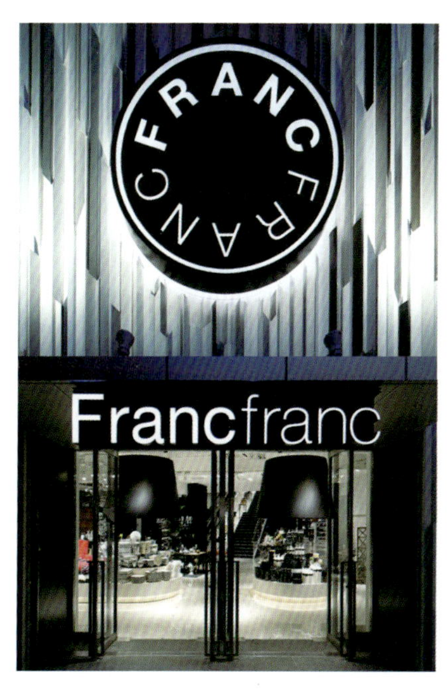

图 2.94 Francfranc 外部照明

图 2.95 根据商品性质设计橱窗照明

【店面照明】

在照明设计过程中要遵循以下原则。

(1) 安全性：是指在设计时需考虑使用过程中的防火、防爆、防触电，同时注意设备安装、维修和检修的方便。

(2) 适用性：根据不同商品的要求，选择不同的光源和光色，避免光照影响商品的展示效果。

(3) 经济性：在照明设计的实施中，要发挥照明设施的实际效益，在不影响照明效果的基础上降低经济造价。

(4) 统一性：它强调的是一个设计的整体观念，如图 2.96 所示。

(5) 艺术性：合理的照明设计有助于体现气氛、风格，可以强调店面橱窗装修及陈设物的材料质感、纹理，如图 2.97 所示。

图 2.96　统一的照明设计提升了店面的整体性

图 2.97　具有艺术性的外部照明

总之，照明设计必须要与店面、橱窗面积的大小、形状、性质相一致，符合空间的整体要求，而不能孤立地考虑照明问题。

2.4.3　照明方式

著名的灯光设计师理查德·凯利认为：“出色的灯光设计的基础组成部分是环境照明、重点照明和闪烁光的运用。”由此可以得出，按照灯具的散光方式，照明可以分为直接照明、间接照明和漫射照明。

1. 直接照明

【直接照明图片】

直接照明是指让光线直接照射目标，在照射的过程中，没有灯光的衰减、扩散、变色的装置或材料，其中 90% ～ 100% 的光通量到达假定的照射面上，产生强烈的明暗对比，并能够突出照射面在整个环境中的主导地位，如图 2.98 所示。采用直接照明方式时，要注意选择安装位置，直射照明的灯光有强烈的炫目感，对眼睛的伤害较大，所以要避免灯光直射眼睛，如图 2.99 和图 2.100 所示。

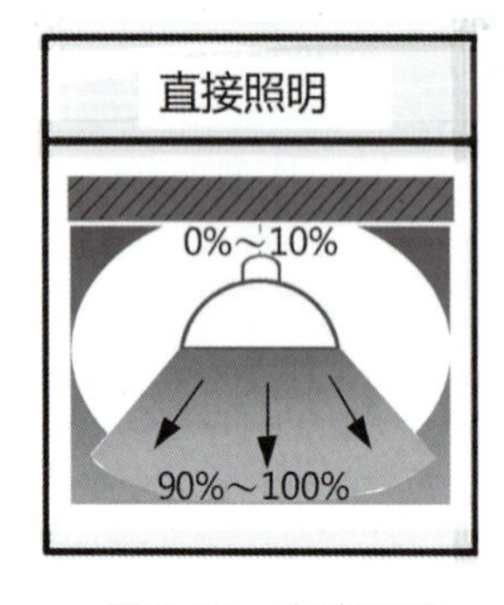

图 2.98　直接照明

图 2.99　直接照明在店面橱窗中的运用

图 2.100　直接照明在店面外观中的运用

2. 间接照明

间接照明是指光线不是直接照向物体，而是利用反射、折射、透射等手法，形成面光源，其中 90% ～100% 的光通量通过环境中的界面折射和透射作用于照射面，10% 以下的光线则直接照射在照射面上，如图 2.101 所示。在间接照明设计中，光源和受光面的距离是一个重要的因素，如图 2.102 和图 2.103 所示。如果距离太近，会使照射在表面的光线不能充分地扩散从而产生强烈的对比，给人不舒适的感受。

【间接照明图片】

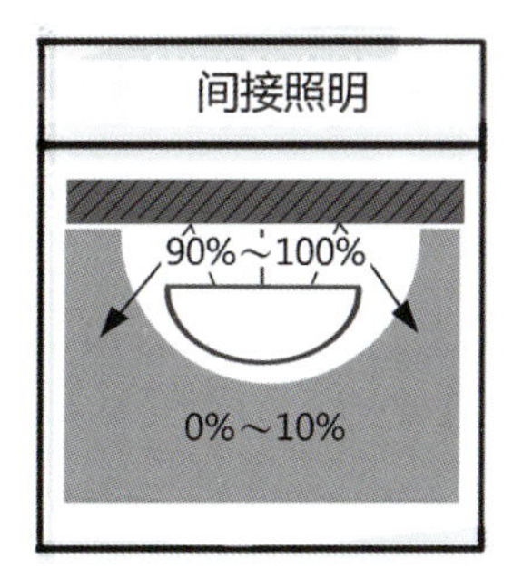

图 2.101　间接照明

图 2.102　间接照明在招牌照明中的运用

图 2.103　间接照明在外观照明中的运用

3. 漫射照明

漫射照明是指利用灯具的折射功能来控制眩光，将光线向四周扩散，如图 2.104 和图 2.105 所示。

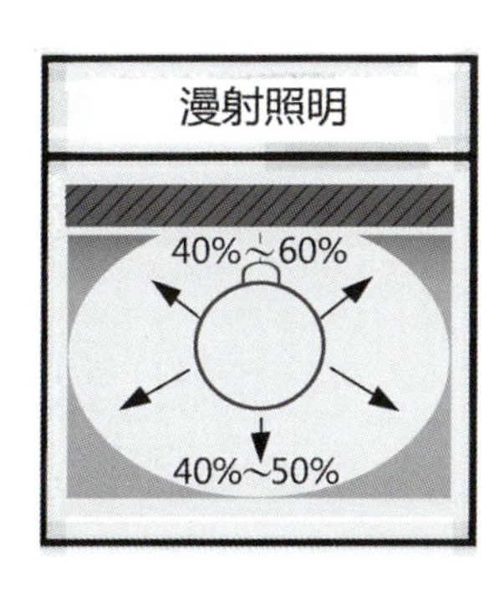

图 2.104　漫射照明

图 2.105　漫射照明的运用

【漫射照明图片】

2.4.4　店面照明布局形式

店面照明布局形式分为三种：基础照明、重点照明和装饰照明。

【基础照明图片】

1. 基础照明

基础照明指的是空间内全面的、基本的照明。如果应用于店面外观，主要是为了显示建筑整体的体型和造型特点，布置在建筑周围地面或隐藏于建筑阳台、外廊等部位，以投光灯作泛光照明，也可以自相邻的建筑物或构筑物上对商店建筑进行整体照明，但需注意尽可能不使人们直接见到光源。

2. 重点照明

重点照明是指对主要场所和对象进行重点照射，其目的在于吸引消费者对售卖商品的注意，照射亮度一般是根据商品的种类、形状、大小以及陈设方式等确定。一般以射灯、投光灯等对橱窗入口照明，强度为整体照明的 3 ～5 倍，如图 2.106 所示。招牌广告则用霓虹灯或灯箱照明，如图 2.107 所示。

图 2.106　店面入口重点照明

图 2.107　茶叶店招牌广告照明

3. 装饰照明

装饰照明在店面设计中常应用为灯带、霓虹灯或 LED 等。装饰照明是以装饰为目的的独立照明，不具有整体照明和重点照明的功能，如图 2.108 至图 2.110 所示。

图 2.108　Videotron 旗舰店外部装饰照明

图 2.109　GIORGIO　ARMANI 外部装饰照明

图 2.110　K · SWISS 店面装饰照明

2.4.5　橱窗照明角度

【重点照明图片】

照明设计左右和引导着消费者的视线。光可以突出物体，也可以遮蔽物体。动态的用光可以让空间充满活力，变化的用光可以丰富空间层次、改变空间比例、明确空间导向、强调重点和中心，产生特殊的视觉效果，营造独特环境气氛；利用照明所产生的阴影和明暗层次对比，可以降低物体的单薄感，增加物体的立体感和空间整体的吸引力。照明的角度可以分为正面光、斜侧光和顶光三种。

【装饰照明图片】

1. 正面光

正面光指的是光线来自被照射物的正前方。在商品陈列展示中，被正面光照射的商品有明亮的感觉，能完整地展示商品的色彩和细节，但立体感和质感较差，如图 2.111 所示。

2. 斜侧光

斜侧光指灯光和被照射物成 45° 的光位，灯光通常从左前侧或右前侧斜向的方位对被照射物进行照射，这是橱窗陈列中最常用的光位，斜侧光照射使商品层次分明、立体感强，如图 2.112 所示。

图 2.111　左侧模特受正面光影响立体感较差

图 2.112　立体感较强的斜侧光

3. 顶光

光线来自被照射物的顶部，会自上而下产生浓重的阴影，如图 2.113 所示。

【正面光照明图片】

【斜侧光照明图片】

【顶光照明图片】

图 2.113　顶光照明

2.4.6　眩光及控制眩光

眩光是指视野内出现过高亮度或强烈亮度反差，引起视觉不适并造成视力减退的现象。眩光会给人的生理和心理造成不舒适感，不仅会影响消费者对商品的认知，还会影响消费者的购买情绪。因此，在店面橱窗照明设计中，应尽量避免灯光眩光的出现。

眩光可以是直射的，也可以是反射的。由高亮度的光源直接进入人眼所引起的眩光，称为“直接眩光”；光源通过光泽的表面反射进入人眼所引起的眩光，称为“反射眩光”。因此，在店面橱窗照明设计中，不仅应限制直射眩光的出现，而且要注意避免反射眩光现象的出现，如图 2.114 所示。

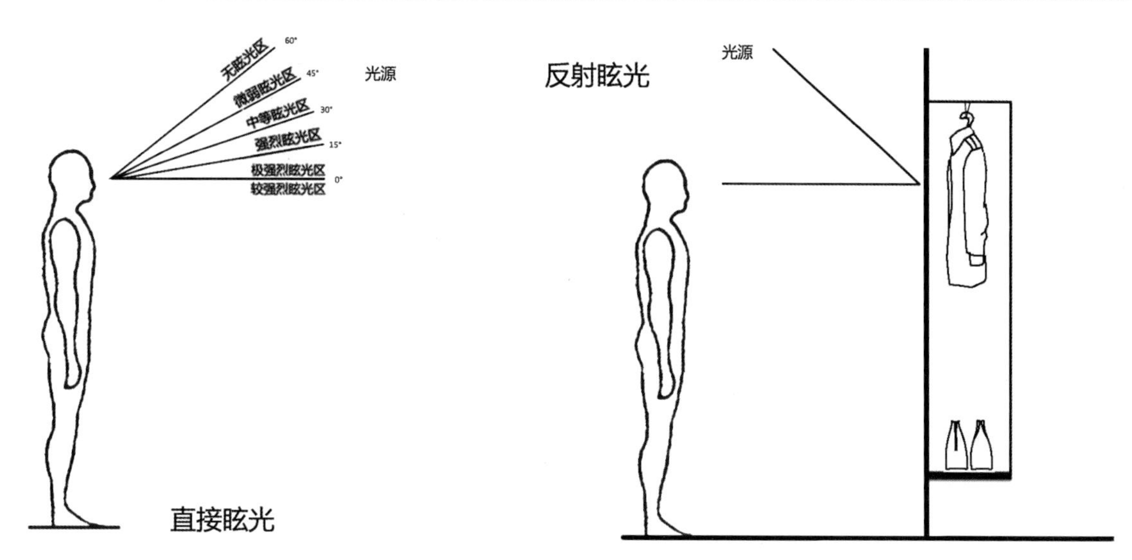

图 2.114　光源位置与眩光效果及眩光类型

产生直射眩光的原因，主要是光源的亮度、背景亮度、灯具的照射角度。根据其产生的原因，可采取以下办法来解决眩光现象的发生。

(1) 限制光源亮度或降低灯具表面亮度。对光源可采用磨砂玻璃或乳白色玻璃的灯具，也可对光源进行遮挡，避免出现眩光。

(2) 可采用保护角较大的灯具。

(3) 合理布置灯具的位置和选择适当的悬挂高度。灯具的悬挂高度增加后，眩光的现象就减少；若灯与人的视线之间形成的角度大于 45° 时，眩光现象也就大大减弱了。光源最好设置在观看者一侧，光线顺着视线照射在商品上，就不会出现眩光的现象。

(4) 采用无光泽的材料。如果不可避免地使用玻璃、金属等有光泽材料，则应该考虑调整照射角度，从而避免眩光的产生。

2.5　商业空间店面与橱窗色彩设计

色彩是空间设计中重要的构成元素，在设计应用中，它能够加强空间的表现力，例如色彩可以增大空间、与光结合体现空间个性、吸引消费者的注意。在店面橱窗设计时，色彩对人的物理、生理和心理均有着很大的影响。

2.5.1　色彩的作用

在商业空间设计中，影响审美结果的主要因素包括物体的形态、质感、色彩、光影等，而色彩是其中最重要的因素之一。设计师对商业空间内气氛的营造，常常采用色彩的魅力来增强艺术氛围，因此色彩被称作是空间设计的“灵魂”。艺术心理学家认为：色彩直接诉诸人可创造出视觉情感体验，它所代表的是一种人类内在生命中某些极为复杂的感受。

1. 色彩的物理作用

色彩对人引起的视觉效果，反映在物理性质方面，如温度、距离、尺度、重量等，充分发挥和利用这些特性，将会赋予店面橱窗不同的魅力，如图 2.115 和图 2.116 所示。

图 2.115　奇奇礼品店明快的店面色彩

【儿童品牌店色彩设计】

【时尚品牌店色彩设计】

【休闲品牌店色彩设计】

图 2.116　店面橱窗稳重的色彩搭配

图 2.116　店面橱窗稳重的色彩搭配(续)

(1) 温度感：在色彩学中，从红紫、红、橙、黄到黄绿色被称为暖色，以橙色最暖。从青紫、青至青绿色被称为冷色，以青色最冷。这和人类已有的感觉经验是一致的。

(2) 距离感：不同的色彩可以使人产生不同的距离感。一般暖色系和明度高的色彩具有前进、接近的效果，而冷色系和明度较低的色彩则具有后退、远离的效果。店面和橱窗设计中常利用色彩的这些特点去改变空间的远近和高低。

(3) 重量感：色彩的重量感主要取决于它的明度和纯度。明度和纯度高的色彩显得轻飘，如桃红、浅黄色、嫩绿色等。反之则显得庄重。

(4) 尺度感：色彩对物体大小的作用，包括色相和明度两个因素。暖色和明度高的色彩具有扩散作用，因此物体显得大，而冷色和暗色则具有内聚作用，因此物体显得小。

例如，红色外观的店面会给人以温暖、热情、扩张、向前的视觉和心理感受；黑色则给人以庄重与稳定感；蓝色则产生宁静、深远等情绪反应，如图 2.117 至图 2.119 所示。

图2.117　红色给人热情的视觉感受

图2.118　黑色给人以稳重、收缩的感受

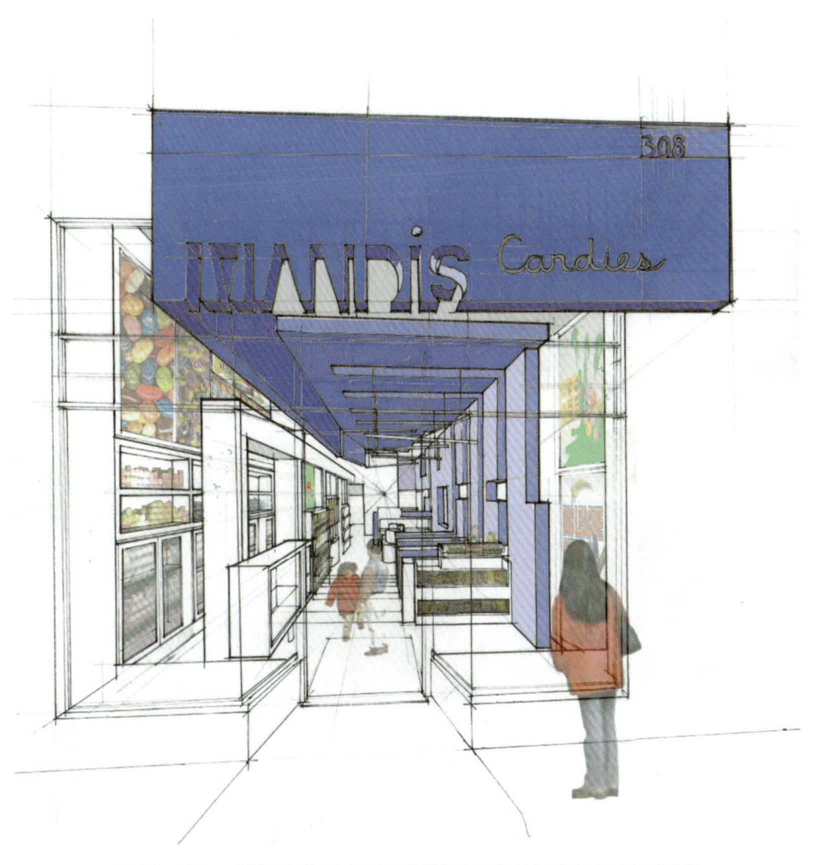

图 2.119　蓝色在产生后退感的同时产生空间扩展的错觉

2. 色彩对人的生理作用

不同波长的光作用于人的视觉器官而产生色感时，必然导致人产生某种带有情感的心理活动。事实上，色彩生理和色彩心理过程是同时交叉进行的，它们之间既相互联系，又相互制约。比如，在色彩应用中，暖色给人以前进感，冷色给人以后退感。而强烈、高饱和度的暖色如应用于橱窗，则引起橱窗内部体积膨胀和向前延伸的感觉，从而产生橱窗空间缩小的错觉，如图 2.120 和图 2.121 所示；而冷色背景不仅有后退感，同时也会产生橱窗空间扩展的错觉，如图 2.122 所示。

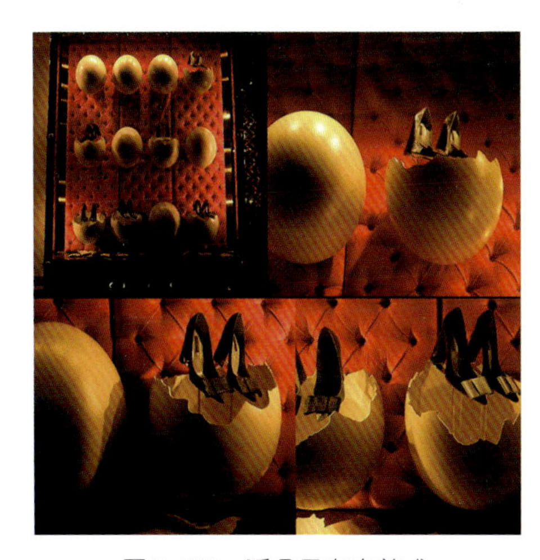

图 2.120　暖色具有向前感

图 2.121　暖色具有内部膨胀感

图 2.122　冷色具有扩展感

【具有后退感的冷色店面设计】

【具有前进感的暖色店面设计】

3. 色彩对人的心理作用

色彩本身不具备情感，没有什么好坏之分。但是人们在长期的生活中形成了一些固定的象征，也就使色彩具有了某种情感与含义，如图 2.123 和图 2.124 所示。

在光谱中，从排列顺序看红、橙、黄、绿、青、蓝、紫，它们与色彩的兴奋到消极的激烈程度是一致的。处于光谱中间的绿色，被称为“生理平衡色”，以它为界限，可将其他各色划分为“积极的”和“消极的”两类色彩。

在商业空间环境中，暖色更具有亲和力，人们看到暖色系的色彩，就会联想到阳光、火等，产生热烈、欢快、温暖、活跃等情感反应。当遇到冷色时，则会联想到海洋、月亮、蓝天等，从而产生宁静、清凉、深远等情感反应，如图 2.125 所示。

图 2.123　冷色冷峻严肃

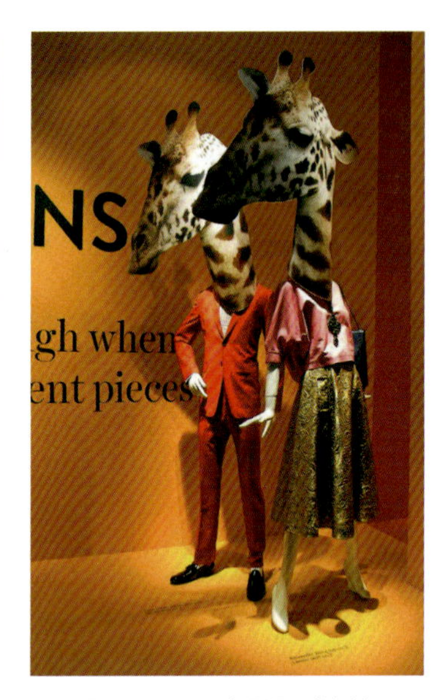

图 2.124　暖色温暖热情

图 2.125　蓝色使人联想到海洋

2.5.2　色彩设计的原则

色彩设计在商业空间设计中起着改变或者创造某种格调的作用，会给人带来某种视觉上的差异和艺术上的享受。人进入某个空间最初几秒印象中 75% 是对色彩的感觉，然后才是空间物体的具体形态。因此，色彩对人们产生的第一印象是商业空间设计中不可忽视的因素。在商业空间环境中的色彩设计要遵循如下基本原则。

1. 整体统一的规律

在商业空间设计中应充分考虑颜色之间的协调统一和对比变化关系。准确处理好两者之间的关系是营造空间氛围的关键。色彩的协调统一，主要是通过色彩的三要素——色相、明度和纯度相近的颜色构成，相近色就会使人产生统一感。但在色彩设计的过程中也需要避免过于平淡、沉闷与单调。因此，在使用相近色而产生协调统一色彩效果的同时，也要注意色彩的对比变化；而这种对比主要包括冷暖对比、明暗对比和纯度对比。

2. 人对色彩的情感规律

不同的色彩会给人心理带来不同的感觉，所以在确定商业空间色彩时，要考虑人们的感情色彩。把握消费者对色彩的心理感受，充分利用色彩给人的心理感受、温度感和距离感、重量感、尺度感等，引导消费者浏览商品，是商业空间色彩设计追求的目标。

3. 满足经营要求

不同类型的店铺空间对色彩有着不同的要求。店面与橱窗空间可以利用色彩的明暗度来营造气氛。使用高明度色彩可获得光彩夺目的空间氛围；使用低明度色彩可获得清远幽静的空间氛围，给予人一种温馨和“隐私性”之感，如图 2.126 所示。商业空间对人们的生活而言，往往具有一个短暂性概念，因此第一视觉印象会直接影响人们对店铺的感觉，从而决定其消费行为。

图 2.126　根据经营项目利用色彩营造空间氛围

4. 符合空间构图需要

色彩设计应符合空间在构图上的需要，充分发挥其对空间的美化作用，正确处理协调与对比、统一与变化、主题与背景的关系。在进行商业空间色彩设计时，首先要选择环境的基调。色彩的基调在渲染氛围方面起着主导、烘托的作用，也是填补空间构图的重要手段。为了达到空间构图的稳定感，常采用上轻下重的色彩关系。而为了追求特殊的空间构图效果，就可以采用上重下轻的色彩关系。

2.5.3　店面与橱窗设计中色彩的构成方式

色彩设计在店面与橱窗设计中起着改变或创造格调的作用，能够给消费者带来视觉享受。在店面与橱窗设计中要遵循设计原则，使色彩服务于整体的空间设计，达到最佳的商业空间设计效果。

【店面色彩构成分析】

1. 店面色彩

店面设计是企业文化的一个环节，在进行店面色彩设计时应要结合企业色彩，如图 2.127 所示。店面色彩主要由门头、入口、招牌三部分颜色组成，如图 2.128 所示。色彩语言是传播最直接，范围和距离最广泛的宣传手段，而店面色彩设计不仅可以增强造型感染力，也可以加深人们对企业品牌的印象与记忆，如图 2.129 和图 2.130 所示。除此之外，店面色彩还能够丰富和美化城市环境，既是企业视觉营销的手段，又是构成城市风景的要素，如图 2.130 所示。

图 2.127　店面色彩设计应结合企业色彩

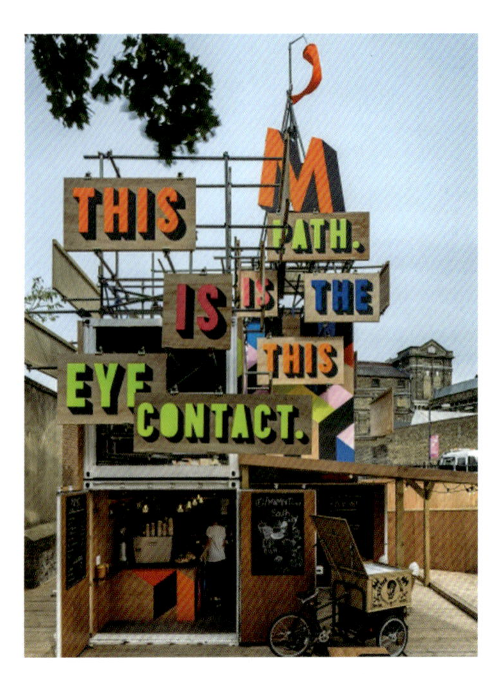

图 2.128　组成店面色彩的多个要素

图 2.129　店面色彩可以加深人们对品牌的记忆

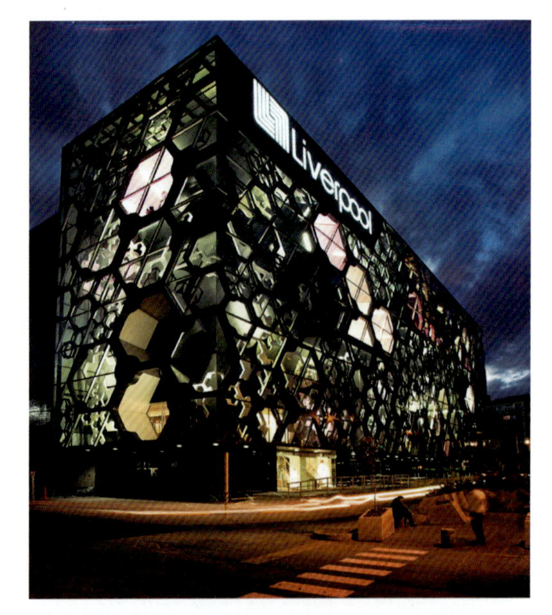

图 2.130　店面色彩可以美化城市环境

色彩是店面给人的第一印象，恰到好处的色彩搭配具有极强的吸引力，巧妙的色彩搭配，使店面更具有层次感和视觉冲击力，给人留下深刻的印象。

(1) 对比色搭配。

对比色搭配能够产生强烈的视觉冲击力，形成具有个性化的色彩效果。适合营造轻松愉悦的氛围效果，如经营儿童服饰、玩具的店面和具有朝气的运动品牌店。

(2) 调和色搭配。

调和色搭配可以是将色相、明度、纯度接近的颜色进行搭配，也可以是不同色相、明度、纯度的颜色有秩序地搭配起来。调和色调搭配有着温馨和谐的色彩视觉效果，适合经营与女士、老年人相关商品的店铺。

(3) 主色调运用。

一个明确的主色调不仅可以提升企业的品牌形象，也是企业品牌宣传的重要标志，能够反映企业的文化、市场定位和消费群体。

(4) 点缀色运用。

当整体门面装饰色彩过度统一时，也会带来单调、乏味的色彩枯燥感，此时就需要遵循“变化与统一”的形式美法则，在主色调统一的基础上点缀对比色或互补色。

【对比色搭配】

【调和色搭配】

【主色调运用】

2. 橱窗色彩

橱窗色彩设计的主要任务是创造橱窗主题与产品性格相协调的、有一定情调的色彩环境，如图 2.131 和图 2.132 所示。橱窗色彩包含整体色调、装饰色彩、灯具色彩、商品色彩等，繁杂的空间色彩关系如何完美地进行组合（如图 2.133 和图 2.134 所示）形成统一而有变化的色彩基调，是橱窗色彩需要研究的重要内容。

图 2.131　橱窗的绚丽色彩与商品属性相呼应

图 2.132　红唇凸显了商品的特性

图 2.133　橱窗色彩与灯光、商品的完美组合

图 2.134　色调的统一

首先，确立橱窗总体色调要和展示商品的内容主题相适应，在空间、展品、装饰、照明等方面，都应在总体色彩基调上统一进行考虑，应与使用环境的功能要求、气氛和意境要求相适合，与样式风格相协调，形成系统、统一的主题色调。

其次，应突出主题。橱窗色彩设计要考虑如何以色彩来创造整体效果，构成浓烈的空间气氛，突出主题。考虑主题与商品个性的特点，选择色彩要有利于突出产品，利用色彩对比方法，使主题形象更加鲜明。

再次，应避免过于单调或过于统一，在色彩面积、色相、纯度、明度、光色、肌理等方面进行有序、有规律的变化，给人以丰富的变化感。

最后，需要注意光对色的影响。不同的光源会对色彩产生不同的影响，应合理考虑色彩与照明的关系。光源和照明方式的不同会带来色彩的变化，加以灵活运用，可营造出神秘或新奇的氛围。

2.6 商业空间店面与橱窗设计的材料应用

材料是构成空间的实体要素，商业空间设计构思最终都需要以材料构建来实现。在创意过程中，材料的质感、性能也能为设计创意带来灵感。

2.6.1 商业空间店面与橱窗选材的基本原则

店面橱窗设计最主要的目的是营造符合市场定位、品牌特征和宣传的装饰效果，在设计和施工过程中材料的质感、肌理的运用，会直接影响视觉效果，对于商业店面与橱窗来说，材料的应用与选择应注意以下几项原则。

1. 整体性

店面橱窗设计的整体效果受到材料的直接影响，在选材过程中，需要从材料的色彩、纹理、质感等方面综合考虑，同时还要与周边环境保持和谐的关系。例如位于横滨中华街的京华楼（图 2.135），选材时多以传统的木材、瓦片和水泥作为店面材料，而位于东京银座的 LOUIS VUITTON（图 2.136）店面则以金属材料和玻璃等现代材料组成。

图 2.135　京华楼店面外观

图 2.136　东京银座 LOUIS　VUITTON 店面外观

2. 耐久性

装修所选择的材料需要具有耐久性，尤其位于室外的店面材料，对抵御风、雨、雪、日晒等有着更高的要求。因此，在选择的材料时对强度和刚度或者附着性都有一定的要求，同时需要考虑材料本身的耐污染性和易清洁性，应选用不易变形、褪色的装饰材料，如图 2.137 所示。

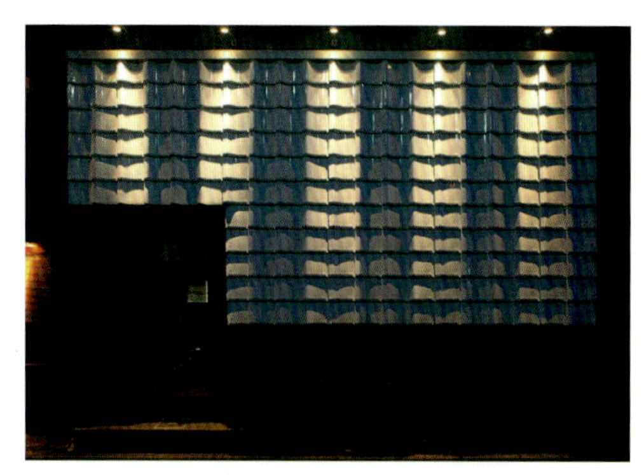

图 2.137　具有耐久性的店面装饰材料运用

3. 实用性

材料的选择并非是价格越高就越具有视觉效果，在选材过程中要从实用性角度出发，选择适宜的装饰材料，而价格较高且仅限一次性使用的装修材料则不宜选择，同时要考虑选择具有地方代表性的材料，减少浪费、节约费用。

2.6.2　装饰材料的质感

装饰材料的质感在众多室内空间环境的因素中起着烘托店面橱窗风格的重要角色，其中包括形状、色彩、纹理和质地等多种特征。个性化的现代室内空间环境的实现，应该是通过材质本身的特性来反映，尤其是材料的纹理和质地的综合运用，而不需要故意运用过多的技巧来处理空间形式和细节。

【复合板】

纹理是材料表面的图案特征，表现了材料的纹理特点，能更明确地体现材料的性质。质地是质感表现的另一要素，是材料的物理化特性。在店面与橱窗中，人们主要

【金属】

是通过触觉和视觉感知装饰材料的特征，不同装饰材料具有不同的纹理和质地，给人的心理感受也会有所不同。店面橱窗中常用的装饰材料中，经抛光过后的石材具有平整光滑的质地，给人以奢华、名贵之感；纹理清晰的木、竹材料，给人以温暖、柔软、亲切的感觉，如图2.138所示；剁斧石、机刨石则表面粗糙、古朴，如图2.139所示；砂石抹灰粉刷面则具有亲近感，如图2.140所示；玻璃则产生清洁、明亮的、透明的感觉，如图2.141所示；铝塑复合材料给人以亲切、易于接触的感觉，如图2.142所示；金属则具有较强的反射，给人以冷傲、坚固且具有现代感的感觉，如图2.143所示。

【木质材料】

图2.138　木材的运用

图2.139　石材的运用

【石材】

图2.140　抹灰粉刷的运用

图2.141　玻璃材料的运用

【涂料】

图 2.142 铝塑板的运用

图 2.143 金属材料的运用

不同材料都具有其独特的材料特性和差异，在使用中充分利用材料的独特性和差异性，可以创造出富于艺术性的店面橱窗环境。

通过对多种材料的组合装饰、材料本身的质感美和质地美的充分展示，可以创造出一个独特的、艺术性的和个性的空间环境。

店面橱窗环境中的装饰材料的组合有以下三种方式。

(1) 同质组合。如使用相同的薄木片装饰，可以使用对接、压线技术，通过纹理的走向变化，质地的差别、凹凸变化实现组合关系。

(2) 相似组合。类似的纹理材料组合，可以在环境中发挥中介和过渡效果。

(3) 对比组合。差异较大的材料质感组合，将得到不同的空间效果。例如将木材和其他天然材料相结合，易于实现协调，也不显得单调。而如果将木材与现代混凝土墙，或金属、玻璃结合，则会产生明显的材质质感对比，可给人留下深刻的印象。

【木质材料同质组合店面设计】

【木质材料相似组合店面设计】

【木质材料对比组合店面设计】

2.6.3 常用装饰材料

为了增加店面装饰材料的使用年限，需要选择耐用的材料。而店面的装饰美化功能，则需要通过材料的色彩、纹理和质地来实现。

店面装饰材料的运用，还应考虑店铺橱窗前路面的情况；是否有障碍的影响；照明条件、噪声的影响和太阳光线照射范围等。在传统的店面装饰材料的运用中，多使用木材和天然石材等。现代店面装饰材料不仅限于木材、水泥、天然石材等，还可采用不锈钢金属板，薄涂铝合金板、薄片大理石等。石材立面厚重、稳重、高贵、庄重；金属材料外观则明亮活泼，富有时代感。

招牌文字材料的选择主要根据店面而决定，规模较大和精美的店面招牌，可以使用铜质材料，其表面闪光，具有奢华富丽之感。霓虹灯作为招牌，夜间视觉效果尤佳，如图 2.144 所示。亚克力有华丽的光泽，易于加工制作，如图 2.145 所示。木质文字也具有生产方便、易于加工的特点。

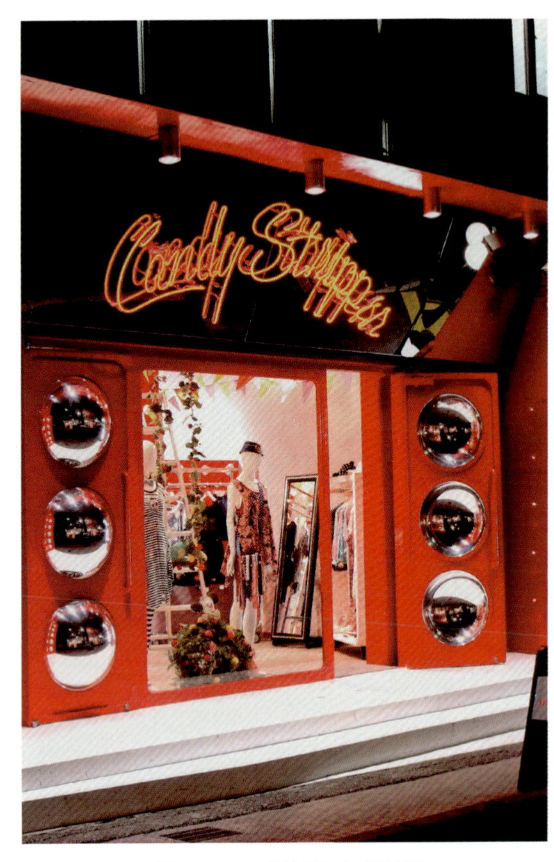

图2.144　霓虹灯文字材料

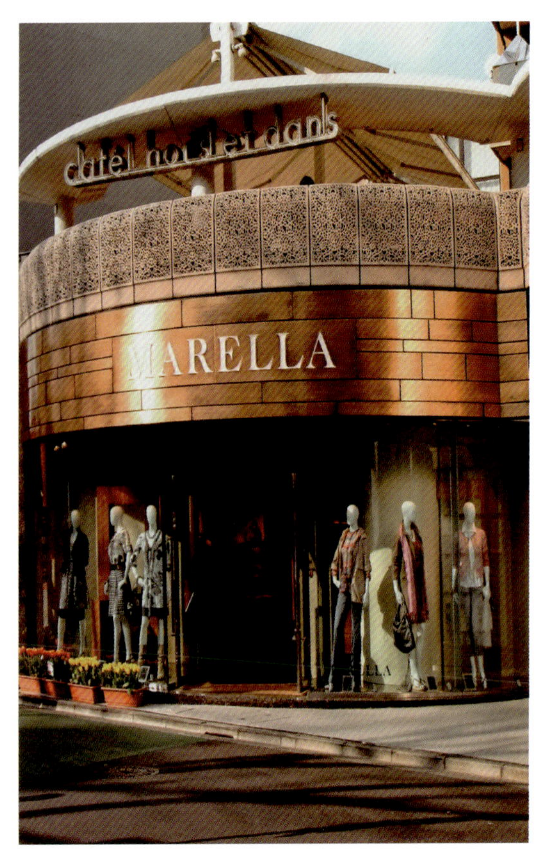

图2.145　亚克力文字材料

常用的装饰材料可以按装饰工程耐久性，以及使用要求的不同划分为永久性材料和非永久性材料。

永久性材料包括各种石材等，有水作业贴面类材料均属于永久性装饰材料。其特点是正常条件下（环境、气候），历经数十年不变色、不腐蚀，耐久性良好；但若想中途改变原有装修风格或翻修，则十分不容易。

非永久性材料包括无水作业贴面类材料和各种涂抹类材料。其特点是耐久性较差，但安装、拆卸简单方便。由于各种材料的使用寿命各不相同，因而装修搭配材料时要考虑充分。例如：金属材料耐久性强，但容易氧化变色，失去光泽；玻璃、镜面类材料容易粉碎、易遭破坏；有机玻璃和塑料材料容易弯曲变形；涂料易于褪色，失去光泽等。

单元训练和作业

1. 课题内容

运用商业空间店面与橱窗设计的基本方法，从店面橱窗功能、结构出发，对位于商业街区的店面进行综合设计。品牌及经营范围不限，设计应突出品牌特征，对产品定位有所体现。

2. 课题要求

店铺店面线内1300mm为自由创作区，对铺面的自由创作不得遮挡或改造商业中心公共外立面的梁和柱。

课题时间：16～32课时

教学方式：通过讲解PPT和赏析图片对具体案例的造型、风格、照明、色彩、尺度等进行解析。

要点提示：通过调研确定设计的目标和方向；确定品牌特点和经营范围，明确品牌特色和消费群体，设计出符合品牌特色的店面与橱窗设计，并进行平面、立面、效果图的设计表达。

教学要求：完成总体构思、立面设计图，整体及局部的效果图，并附有材料、尺寸和节点大样以及设计说明。

训练目的：学会调研，确立目标和方向，掌握初步的设计方法，具备基本的设计能力，无论是手绘，还是计算机软件制作，都需要尝试，多练习。

3. 其他作业

依据已有店面原始尺寸图，构建多种造型特点的店面与橱窗设计。

4. 本章思考题

商业空间店面与橱窗设计包括哪些内容，橱窗陈列有哪些方式？

5. 相关知识链接

阅读第 5 章商业空间店面与橱窗设计作品赏析，掌握店面与橱窗的设计要点。

第3章 商业空间店面与橱窗主题式设计

课前训练

训练内容：了解商业空间店面与橱窗的主题式设计，掌握和熟悉主题性的概念，明确商业空间店面与橱窗主题式设计的原则，领悟主题确立和创意构思的形成过程，学习商业空间店面与橱窗主题式设计的设计形式，逐步掌握商业空间店面与橱窗主题式设计的方法和技巧。

训练注意事项：充分理解主题性的文化概念，真正领悟商业空间店面与橱窗主题式设计的表达形式和方法，重点掌握常见服装品牌的商业空间店面与橱窗主题式设计。

本章要求和目标

要求：掌握主题性的概念，掌握商业空间店面与橱窗主题式设计的原则，熟悉商业空间店面与橱窗主题式设计的表达形式和方法的确立与实现。

目标：根据设计的需求，对于具体类型空间，能够根据其特点风格，进行功能上的分析；平面布局的安排；装饰风格的搭配；并恰当运用图纸进行设计与表达。

本章要点

- ◆ 商业空间店面与橱窗主题式设计的概述
- ◆ 商业空间橱窗主题的确立与构思
- ◆ 商业空间橱窗主题空间的表现手法

本章引言

人们在逛街购物时，往往会被独特的店面设计和橱窗设计所吸引，店面与橱窗是销售终端的第一广告形式，它们的设计工作不容小觑。店面与橱窗的主题式设计不仅仅是功能与审美的结合，更是文化的体现。

3.1 商业空间店面与橱窗主题式设计的概述

商业店铺是主要的消费场所，店面是商业店铺最直观、最集中的展示形式。随着各品牌企业之间竞争日趋激烈，企业也越来越重视商店的店面展示效果。商业空间店面与橱窗主题式设计是品牌营销的重要手段，同时也是品牌企业文化的集中体现。尤其是连锁店，其入口和招牌设计应具有统一的企业识别，具有规范性。而橱窗的主题式设计具有多变性，它可以根据每一季的产品、每一个值得庆祝的节日来变换设计主题。

3.1.1 店面入口的主题式设计

在店面主题式设计中，主题入口设计不多见，但为了配合整体店铺的主题，店面入口也应做适当装饰。PLANETHOLLYWOOD（好莱坞星球餐厅）的入口设计是根据餐厅主题而定的，该餐厅以一个星球状作为外观，用星星图案点缀，入口处设置长廊与飞碟，让消费者有一种通过长廊就可以到达另一星球的体验。店面表面没有一扇窗户，更增添了餐厅的神秘感。这种新颖独特的店面设计极易识别，能够加深消费者对店铺的印象，如图 3.1 所示。

图 3.1 PLANETHOLLYWOOD（好莱坞星球餐厅）入口设计

3.1.2 店面招牌的主题式设计

招牌是指挂在商店门前作为标志的牌子，也称为店标，可分为竖招、横招或悬挂式招牌、落地式招牌等。招牌既可以是商业广告，又可以让消费者了解商店的功能，是商业店面中最直观的信息传达媒介。能否吸引顾客进入店铺，招牌设计发挥着重要的作用。

1. 造型

有些店铺的招牌设计在造型上别出心裁。以本店主营商品作为招牌造型，不仅能够吸引消费者的注意，还能准确地传达店铺信息；以卡通人物或代言明星作为造型的招牌，还能够明确反映店铺的经营风格，使人在远处就可以看到前面是什么类型的商店。这种招牌具有较大的趣味性，更能激发消费者的兴趣。

2. 色彩

别具一格的色彩设计对消费者具有很强的吸引力。招牌设计的色彩一定要符合企业标识色，便于消费者通过色彩在相似的招牌中找到自己想找的。例如，如家、汉庭、7 天这几家连锁酒店，都选择了穿透力最强的红色、橙色、黄色，但细微的颜色差别还能够凸显企业标识—如家的黄色与灰色，汉庭的红色、橙色与蓝色，7 天的黄色与蓝色，如图 3.2 所示。招牌一般采用温馨而明亮、醒目且突出的色彩，这在客观上起到吸引消费者的作用。

图 3.2　招牌色彩对于商业店铺的识别具有指示作用

【韩国明洞 Etude House 旗舰店店面设计】

【韩国首尔江南区 Kenzo 店面设计】

3. 文字

文字是招牌设计中传达信息最直接的部分，因此招牌中文字的表达方式应尽量醒目，内容要尽量简洁，以便于消费者寻找和记忆。招牌设计以简明扼要的语言凸显商店的功能与特性。招牌的文字字体设计也同样要紧扣商店主题，凸显商店的整体氛围。比如少淑装热卖品牌 Roem 的招牌字体设计复古婉约，充满浪漫主义色彩。这种字体设计也符合 Roem 的少淑装品牌定位，符合品牌主题，如图 3.3 所示。

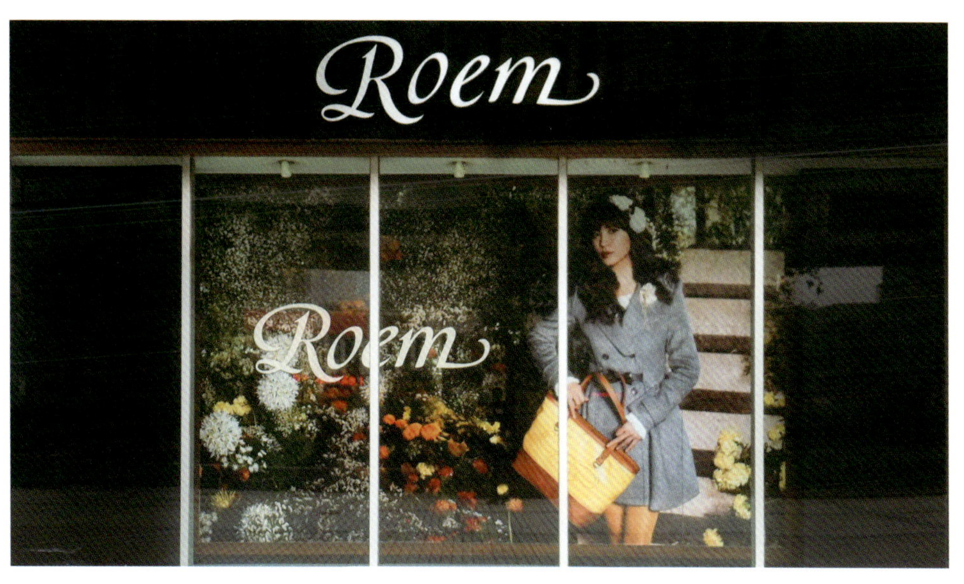

图 3.3 Roem 招牌中的字体设计符合品牌主题

4. 灯光

店面主题式设计，灯光要根据商店种类和特性来选择。例如，中华老字号全聚德处理晚间招牌的照明，使用的是射灯；为了凸显老字号品牌，招牌使用横匾，可见企业力求体现传统文化底蕴。因此，使用射灯照明不但不破坏古色古香的气氛，更符合企业精神。发光字照明一般运用在时尚品牌店铺，如苹果专卖店。灯箱式招牌一般运用在个体商店，投资较少。电子灯箱式照明通常用在夜市等平价热闹的场所，因为彩灯本身价格低廉，又能营造出热闹的氛围，如图 3.4 所示。

图 3.4 不同灯光样式在招牌设计中的表现

3.1.3 店面橱窗的主题式设计

对于一家商业店铺来说，橱窗占据十分重要的地位。它具有直观的展示效果，能够强而有力的针对某一件或某一系列产品进行诠释，较之其他广告形式更具说服力。同时，它也是宣传品牌文化的重要媒介，成功的橱窗设计能够反映品牌的性格、风格和品质。橱窗往往位于店铺的店面，因此顾客对其有着近距离的感知，一个巧妙的橱窗设计可以在短短几秒钟内吸引住顾客的视线，激发出顾客兴趣，激起顾客的购买欲望。观看橱窗的人往往处于流动状态，橱窗在其眼中停留的时间不超过 5 秒，成功的橱窗设计会让顾客眼前一亮、驻足观赏，加深其对品牌产品的印象。

【意大利米兰曼佐尼大道 Valextra 旗舰店店面及橱窗设计】

如今，商业空间店面与橱窗设计已成为产品促销和文化传播的有力途径。橱窗单一的商品展示功能已无法满足现代企业和消费者的需求，企业和设计师开始进行商业空间店面与橱窗主题式设计的探索。

橱窗的主题式设计重在表达某种思想，是有一定指向性内容的橱窗设计。橱窗的本质是为了销售，但橱窗的主题式设计却体现了品牌企业的别出心裁和设计师无穷的艺术灵感，是对橱窗文化意义的集中表达。主题橱窗更加强调艺术性与戏剧性的结合，通过点线面和色彩的构成来体现艺术性，并辅以富于创造力的道具、展位和场景布置来营造橱窗的戏剧性。

3.2 商业空间橱窗主题的确立与构思

橱窗主题的确立通常出于两点：一是对品牌内涵的宣扬；二是对大众文化的关怀。在对于品牌内涵宣扬的主题里，包括品牌公司指定的主题和新款上市的主题。大众文化关怀的主题重在迎合大众的消费习惯，包括特殊日期（节假日、纪念日）主题、促销打折主题、影视文学主题。设计主题的确立与构思要注意下列几点。

3.2.1 充分调查民风民俗 不要触碰禁忌雷区

一方水土养一方人，每个地方都有独特的风俗习惯，品牌每进驻到一个新的国家或城市，都要调查了解当地的风俗。以当地风俗为主题的橱窗设计更容易获得消费者的心理认同，从而拉近商业店铺和主要消费群体的距离，使消费者能够提前接受这一品牌。同时，充分调查民风民俗还可以避免在主题选择和设计作品中触碰到当地风俗文化的禁忌，有效保证客源，保证营业收益。

3.2.2 充分探索企业背景 挖掘企业特色文化

每家企业都会有其特定的企业文化，设计师在进行主题创意时，应充分探索企业的历史发展、文化脉络等因素，结合艺术设计思维，把带有商业味道的商品经过创意加工，在具有浓厚文化底蕴的橱窗中展示出来。图 3.5 为 Chloé 的橱窗设计，该橱窗重点展示一件衣服在成衣前的每一个制作步骤。这一橱窗主题“Made with Love”是 Chloé 想突出企业在每一件衣服上的情感投入，为顾客细致服务的情感关怀；同时突出该企业在制衣方面的技巧，体现着精致与娴熟。设计师还将衣服的打板图以夸张的方式做成了橱窗背景和地板。这一主题的设计充分展现了企业对待顾客的态度，有助于形成良好的品牌形象。

【日本 Hills Avenue 旗舰店橱窗展示设计】

图 3.5 Chloé 的橱窗设计

3.2.3 充分了解商品特征 突出展品独特风貌

设计师在进行店面橱窗设计之前，应先充分调查所展示的商品与其他店铺同类商品的区别，抓住该商品独有的特点，对其加以艺术处理，设计出独树一帜的主题橱窗。同时，通过这样的方法选择主题，不仅可以了解自身品牌特点，还可以了解同类品牌主题，在设计中能够有效避免抄袭模仿之嫌。Adidas 品牌产品的主要特点是运动，其橱窗设计以鞋带的运动轨迹突出主题“无限能量”。如图 3.6 所示，一个简单的道具营造出动感视觉，运动中飘起的鞋带成为设计的亮点。

图 3.6 Adidas 橱窗

3.2.4 充分考察受众群体 引领消费时尚热潮

主题的确立和设计应充分考虑受众群体的特征，抓住受众群体的喜好，以此吸引眼球，扩大品牌的知名度。同时，设计师还应考虑橱窗所展出的商品能否激发消费者的购买欲望。因此，在设计时应充分考察消费者喜好，展出款式超前、理念新颖的商品，这样才能彰显企业的品牌形象，吸引消费者的视线，激发消费者的购买欲望。比如奢侈品品牌的主题选择与设计应关注高收入人群的生活特点，选择新款样品进行展示。儿童用品品牌的主题选择与设计应关注儿童和父母的消费心理，既要符合儿童活泼好动的天性，又要满足一般父母的消费水平。例如，图 3.7 为儿童服饰品牌 balabala 橱窗，设计以“郊游野餐”为主题，色彩鲜明，符合儿童对色彩的喜好，其中自行车和野餐桌椅的运用让整个场景活跃起来，抓住孩子爱玩的天性来吸引消费者的目光。

图 3.7 balabala 童装品牌橱窗

3.3 商业空间橱窗主题空间的表现手法

3.3.1 橱窗主题空间的设计技巧

1. 通过故事场景

这类橱窗主要以一种场景式的设计手法，来制造一个品牌故事。这种手法让橱窗像讲故事的人一样与消费者接触，巧妙地拉近与消费者之间的距离，具有亲和力。常见的故事场景有经典电影、话剧、童话、小说中的情节。如图 3.8 所示为 Macy’s 圣诞主题橱窗展示，这个橱窗为我们讲述了一个男孩的平安夜愿望的故事。故事中，男孩到了一个神奇的水晶森林游玩，并在这里懂得了圣诞的意义。这个橱窗的设计结合了最先进的科技和最传统的手工艺制作。背景墙采用 LED 高清显示屏，这不仅扩大了橱窗的视野，还营造了一种强大的视觉冲击。

图3.8 Macy's 圣诞主题橱窗展示

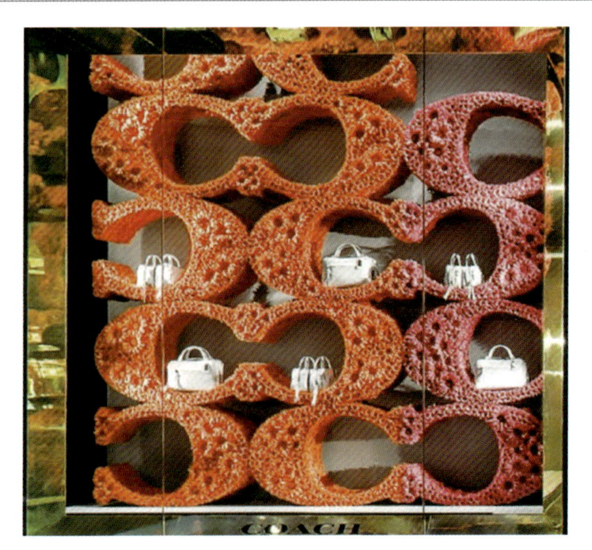

图3.9 Coach 夏季新款主题橱窗展示

【Lord & Taylor 橱窗展示】

【梅西百货圣诞主题橱窗】

2. 通过元素变幻

在商业展示中，单一的某一元素难以形成强大的视觉冲击。因此，设计师要想抓住消费者的目光可以运用元素的变幻来进行设计。设计时可以把选定元素放大或缩小、排列组合、分解重组、提取运用等。如图 3.9 所示，Coach 夏季新款主题橱窗展示就运用了对符号的排列组合，从而形成具有视觉冲击力的符号阵容，吸引消费者眼球。这一橱窗主题设计的灵感来自 Coach 品牌要求“用浓烈鲜艳的夏花打造一个强烈的具有冲击力的视觉效果”。设计团队与一家专门从事鲜花后期设计的公司合作，用鲜花制成的 Coach“C”作为原始符号进行设计。为了与 Coach 的定制颜色相匹配，他们订购了三种不同大小的丝绸雏菊。这种由鲜艳的雏菊组成的“C”在纽约、伦敦、上海等世界多个城市绽放，它吸引消费者驻足店前，让消费者在雏菊的芬芳中购买商品。

3. 通过创意道具

橱窗展示中创意道具的使用常常起到事半功倍的效果。尤其对于大众知名度较高的品牌，为了能够给顾客怦然心动的感觉，引导顾客不断关注品牌，使得顾客为创意道具所吸引，从而仔细观察橱窗的内容，了解商品。道具就成为橱窗设计中陈列设计师们绞尽脑汁、耗费心力最多的一部分。设计出出色的陈列道具，是主题橱窗设计中一个必备的元素和必胜的要点，如图 3.10 所示。

图3.10 Coach 夏季新款主题橱窗展示运用鸵鸟蛋做道具造型，成功吸引了顾客

4. 通过文化衬托

当为一个商业品牌附加上文化色彩后，商品的内涵也随即显得丰富起来。每到新年，位于纽约第五大道的百年精品店 Bergdorf Goodman 的橱窗秀总是让人叹为观止。2014 年，Bergdorf Goodman 的新年橱窗主题为“中国新年”，背景和灯光都采用春节传统色红色，橱窗运用中国甲午年的生肖马为道具来诠释主题，橱窗外还印有楷书的“新年快乐”字样，橱窗把国际化商业展示与中国传统民间文化巧妙地结合起来（如图 3.11 所示）。同样，圣诞节主题的橱窗可以通过圣诞节传统的红绿色、圣诞树、礼物盒来体现；万圣节主题橱窗可用南瓜、糖果、幽灵来体现；中秋节主题橱窗可用传统故事中的嫦娥、月亮、玉兔来体现；端午节主题橱窗可用龙舟、艾蒿、荷包等来体现。

图 3.11　Bergdorf Goodman 中国新年主题橱窗

5. 通过视觉聚焦

橱窗的功能主要是为了吸引顾客，因此，制造奇异夸张的道具也是常用的设计手段。这一橱窗主题设计技巧一般运用在新款上市或对某一产品的特别推销上。设计师利用橱窗空间中的一切要素（如界面、灯光、道具等）来制造出吸引顾客目光的作品。如图 3.12 所示为 Dior 秋季新款主题橱窗。橱窗采用独特的视角进行陈设，为顾客呈现出一个细致而有趣的“鸟瞰图”。Apple 新款上市产品的橱窗设计，设计师采用打碎的玻璃裂纹围成一个圆圈，在圆圈的中心部分放置本季主推产品，如图 3.13 所示。这种打破人们常规视觉习惯的设计更能产生视觉冲击力，吸引人们的眼球。但要注意的是，无论在橱窗设计中使用了什么样的非常规手段，其结果一定要具有审美性。

图 3.12　Dior 秋季新款橱窗展示

图 3.13　Apple 新款上市橱窗展示

3.3.2 橱窗主题空间的设计方法

橱窗设计主要采用平面构成和空间构成的一些原理，通过对称、均衡、节奏、对比等构成手法，进行不同的构思和规划。然后再根据每个品牌的服装风格和品牌文化，构思不同的设计方案。随着品牌定位的不断细化，橱窗的设计风格也呈现出千姿百态的景象。橱窗中常见的可操控元素主要是色彩、道具、灯光、材质和陈列形式。

1. 色彩

【德国汉堡 Babor 护肤品商店橱窗展示】

在设计作品中，色彩经常被赋予象征性功能。不同的色彩给人的感受也不同。橱窗色彩具有表情性、象征性和联想性，不同的色彩符号具有不同的情感色彩。由此，可以通过色彩来辅助橱窗主题意象的传达。主题橱窗的色彩设计主要包括橱窗的背景色、道具色及灯光色的设置。以节日主题为例，色彩的使用大多沿袭历史传承的节日颜色如圣诞节的红色和绿色，复活节的黄色和紫色，感恩节的棕色，万圣节前夜祭祀惯用的橙色等。传统节日色彩通常色相纯正，饱和度较高，最具代表性的就是中国红。

2. 道具

道具的使用与选择是根据品牌需要营造的风格而决定的，随着科技的进步，道具的种类日益增多，这为设计者扩展了想象的空间。可拆卸的道具方便了设计师根据展示主题的变化随时对橱窗内容进行拆卸更新，但同时也要注意展示的主体是商品，不是道具。道具的设计和展示要起到为商品增彩的作用，而不能喧宾夺主。LOUIS VUITTON 受巴黎历史博物馆恐龙骨骼化石的启发，把恐龙作为 2013 年橱窗展示的主题。设计师以超现实、散发性的设计理念将这些庞大的史前动物骨架赋予仿古的金色，重现于店面橱窗之中。橱窗背景为鸭绿色的天鹅绒，意在模仿博物馆展柜，更体现历史的厚重感。恐龙骨架与橱窗中的人体模特一起摆出调皮的造型。这些来自史前的传奇物种呈现出全新而更加富有趣味的一面，与之形成对比的女士们，或午后漫步，或携着手袋徜徉于林荫大道，或骑在恐龙背上，好像踏上了一段神奇未知的史前之旅，如图 3.14 所示。

图 3.14　LOUIS VUITTON 橱窗展示

3. 灯光

橱窗中灯光的作用不仅在于功能性的照明，更在于艺术性的表达。灯光在主题橱窗中起辅助作用，重点是凸显主要陈列品的地位，强调色彩和材质的表现效果。为了突出橱窗内的某些物品，可以配置聚光照明或装饰照明，以取得特别的光感、质感。图 3.14 中，设计师将灯具隐藏，将灯光打在强反光的恐龙骨架上，更体现其耀眼的金属质感，表达的是一种远古与时尚的碰撞，意在突出展示主题，从而达到吸引消费者，树立品牌形象的目的。光的使用得得当，可以使陈列品更加神秘浪漫。Tiffany&Co. 纽约第五大道旗舰店橱窗展示，设计师把橱窗中的装饰品特点放大，包括微型吊灯、水晶串珠、香槟等复杂细节。橱窗中微弱的灯光配合晶莹剔透的装饰，充满浪漫的情怀，如图 3.15 所示。

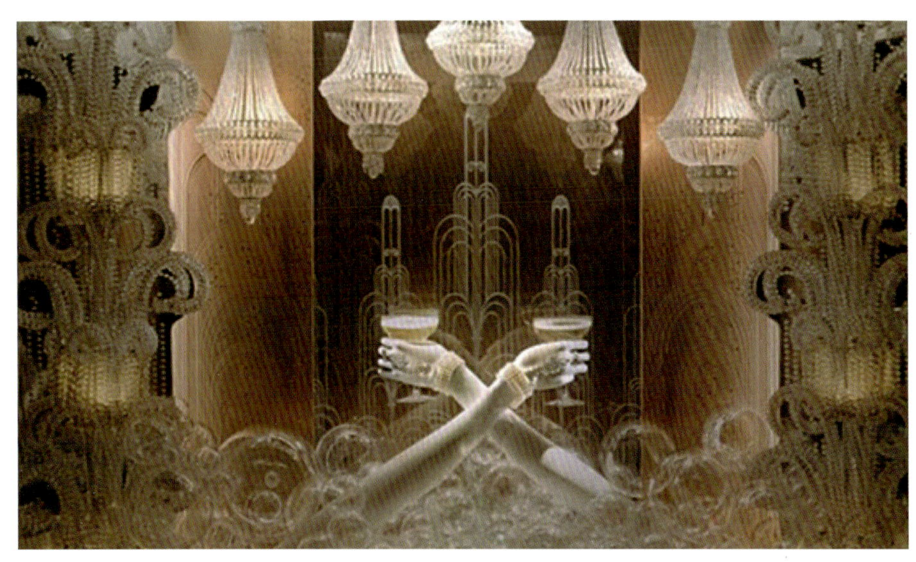

图 3.15　Tiffany&Co. 橱窗展示

【伦敦塞尔福里奇百货公司（Selfridges）橱窗设计】

4. 材质

材料具备色彩、质地和肌理等元素，装饰材料外在的视觉效果能够给顾客留下一定的影响，不同的材质运用能够营造不同的陈列效果。金属材质能够显示橱窗的现代感和科技感，木材质能够营造橱窗的历史感和生态感，玻璃材质能够显示橱窗的通透感和神秘感，纤维制品能够营造橱窗的舒适感和意境感。

单元训练和作业

1. 作业欣赏

要求：自行搜索著名时尚品牌的主题橱窗设计 1 ～2 张，并加以点评。

2. 课题内容

通过提供的一个商业店铺的建筑原始平面图和基本建筑情况，根据自己对于市场的考察和生活的理解，设计一个同学们较为熟悉的主题性店面，画出平面布置图、立面图、剖立面图和效果图，写出设计说明，效果图以马克笔工具表现形式为主。

课题时间：以快题形式出现，时间限定为 8 课时；或者以专题形式出现，限定时间为 16 课时，使用计算机和手绘均可，通过时间强化，训练集中思维和应变设计的能力。

教学方式：作业前使用多媒体图片进行引导，或者作业完之后进行点评，运用文字注解，重点点评。

要点提示：突出商业空间店面与橱窗的主题设计文化，强调现代生活的时尚特点。

第4章 商业空间店面与橱窗设计工程图选编

课前训练

训练内容：通过品牌店工程图的范例，具体查看平面图、天花顶棚图、橱窗立面图、节点大样图等；学习商业空间店面与橱窗设计的材料、尺寸和比例关系。

训练注意事项：通过识图看图，明确各种符号的意义和表现特点。注意不同线型、家具和材料等所表现的风格和文化特点。重点是要理解平面图、天花顶棚图、铺装图、橱窗立面图、节点大样图之间的对应关系，理解和学习商业空间店面与橱窗设计制图的相关规范。

本章要求和目标

要求：学生制图的基本顺序应该是先从品牌定位思考开始，分析功能布局、家具的布置、交通流线的安排、铺装的安排、植物陈设等的基本安排，然后开始制图。制图的重点是分清三种线型：墙体是粗实线，家具是中实线，铺装是细实线。同时依据平面图尺寸设计绘制立面的造型尺寸，再标注具体的材料等。能够运用制图的基本原理，“高平齐、长对正、宽相等”，通过水平与垂直进行投射。会使用 CAD 制图，掌握设计制图的基本原则，同时会手绘。

目标：通过工程图选编的学习，掌握商业空间店面与橱窗设计工程图纸标准，了解商业空间店面与橱窗设计的施工图绘制及方案汇编，从而具备由设计到施工的综合职业能力。

本章要点

- ◆ 不同制图的表现形式、线型。
- ◆ 不同的符号表现形式。
- ◆ 材料、尺寸和表达。
- ◆ 制图的设计过程和方法。

本章引言

施工图是在设计实施过程中，指导施工方准确完成设计构思的重要手段。无论是识图还是学习表现手法，都需要认真参考店面与橱窗空间的平面图、立面图、天花顶棚图、铺装图和详图的表达方式，掌握尺寸、材料的规范性标注方式。因此，学习制图是规范设计的基础，也是表现设计的重要途径。

凯乐福玻璃北京展厅

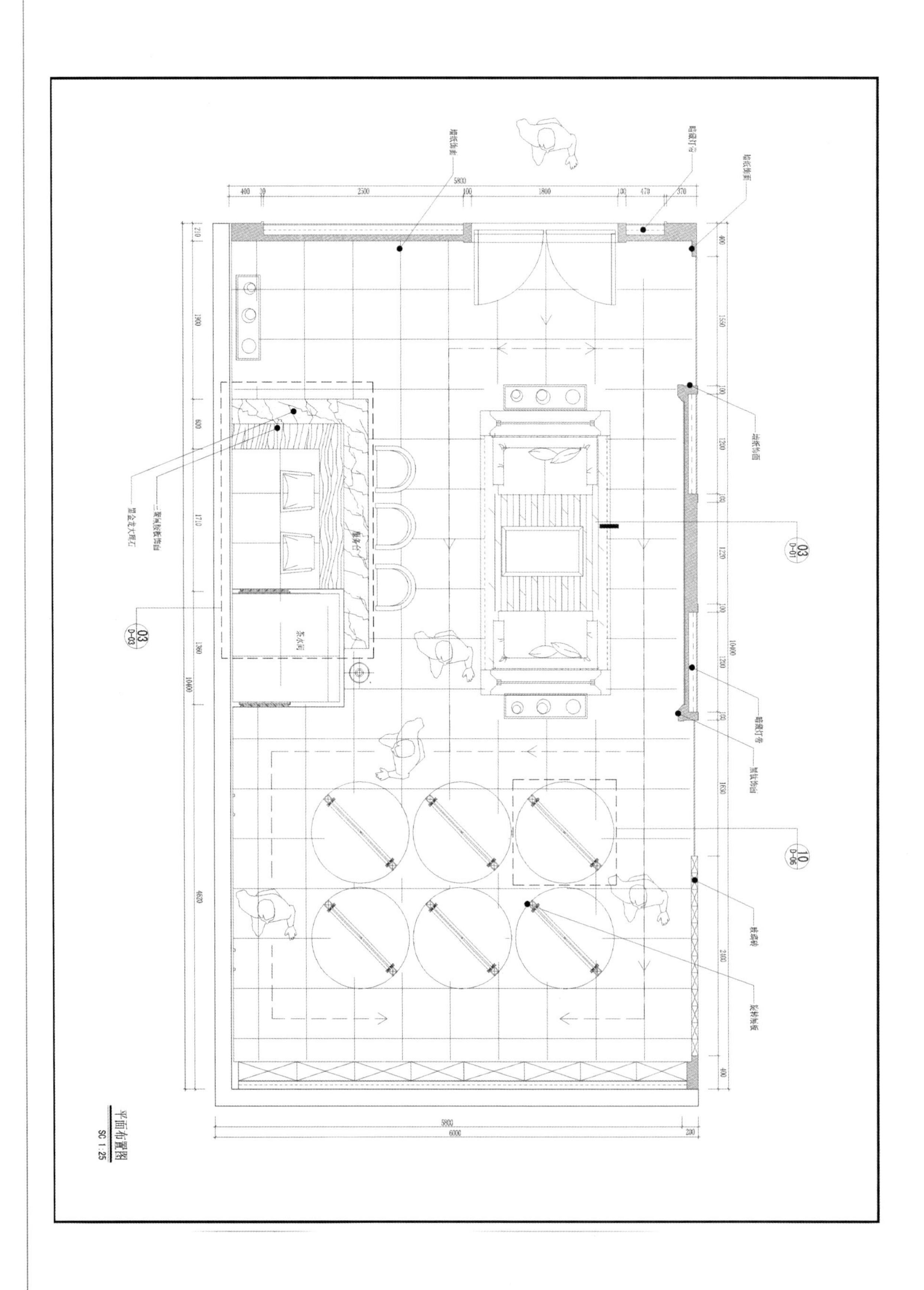
5800
6000
平面布置图
SC 1:25

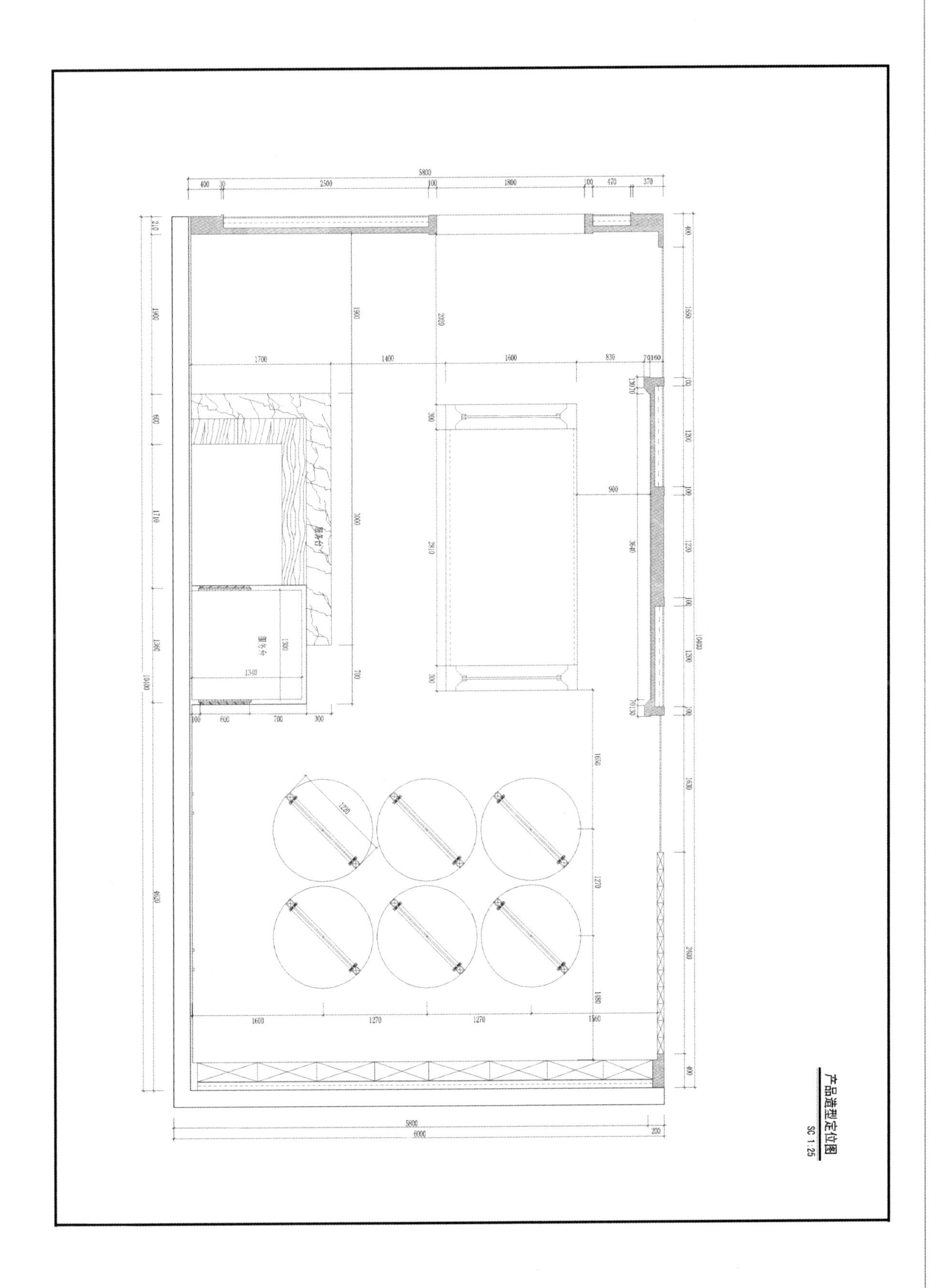
产品造型定位图
SC 1:25

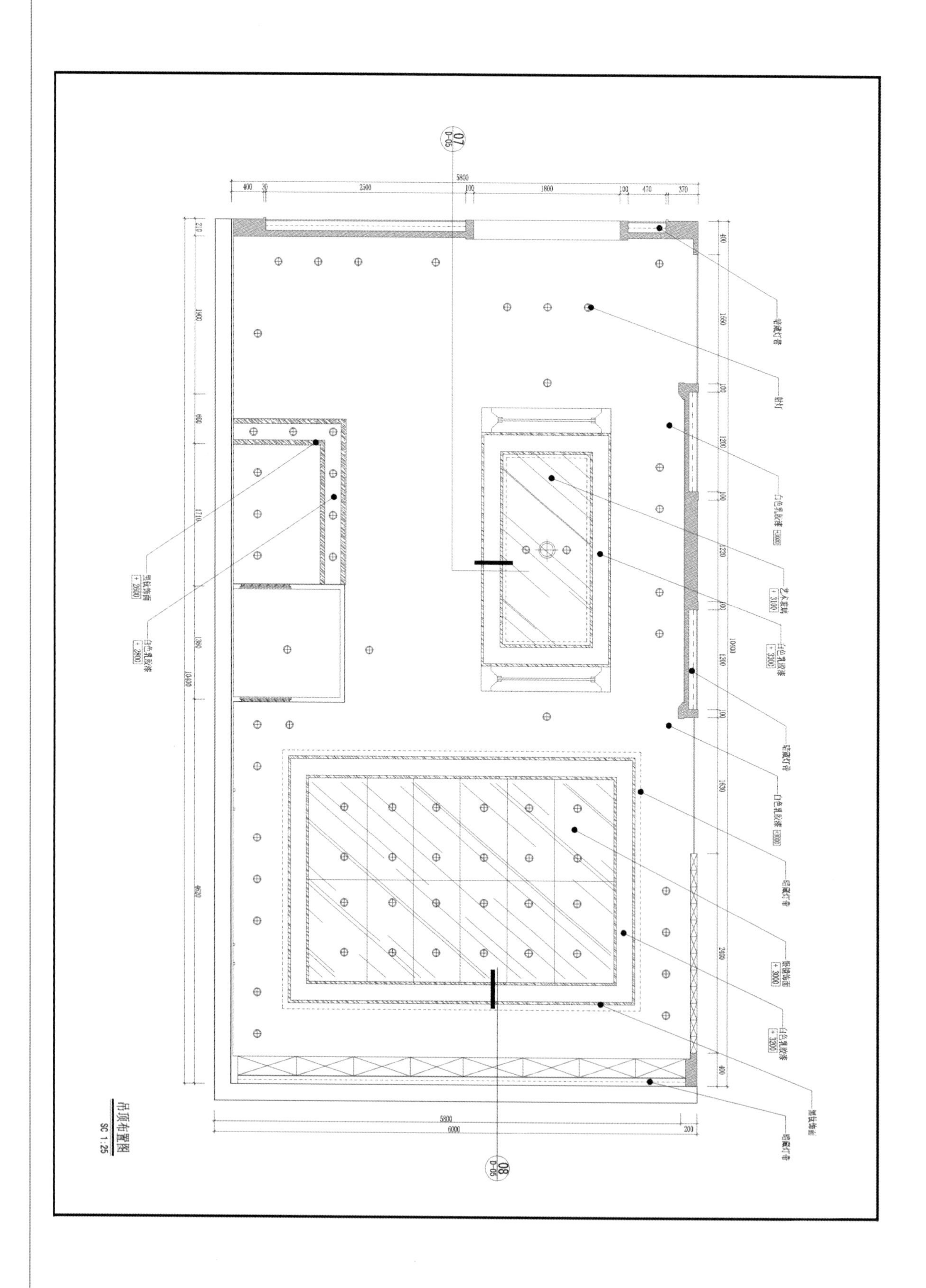

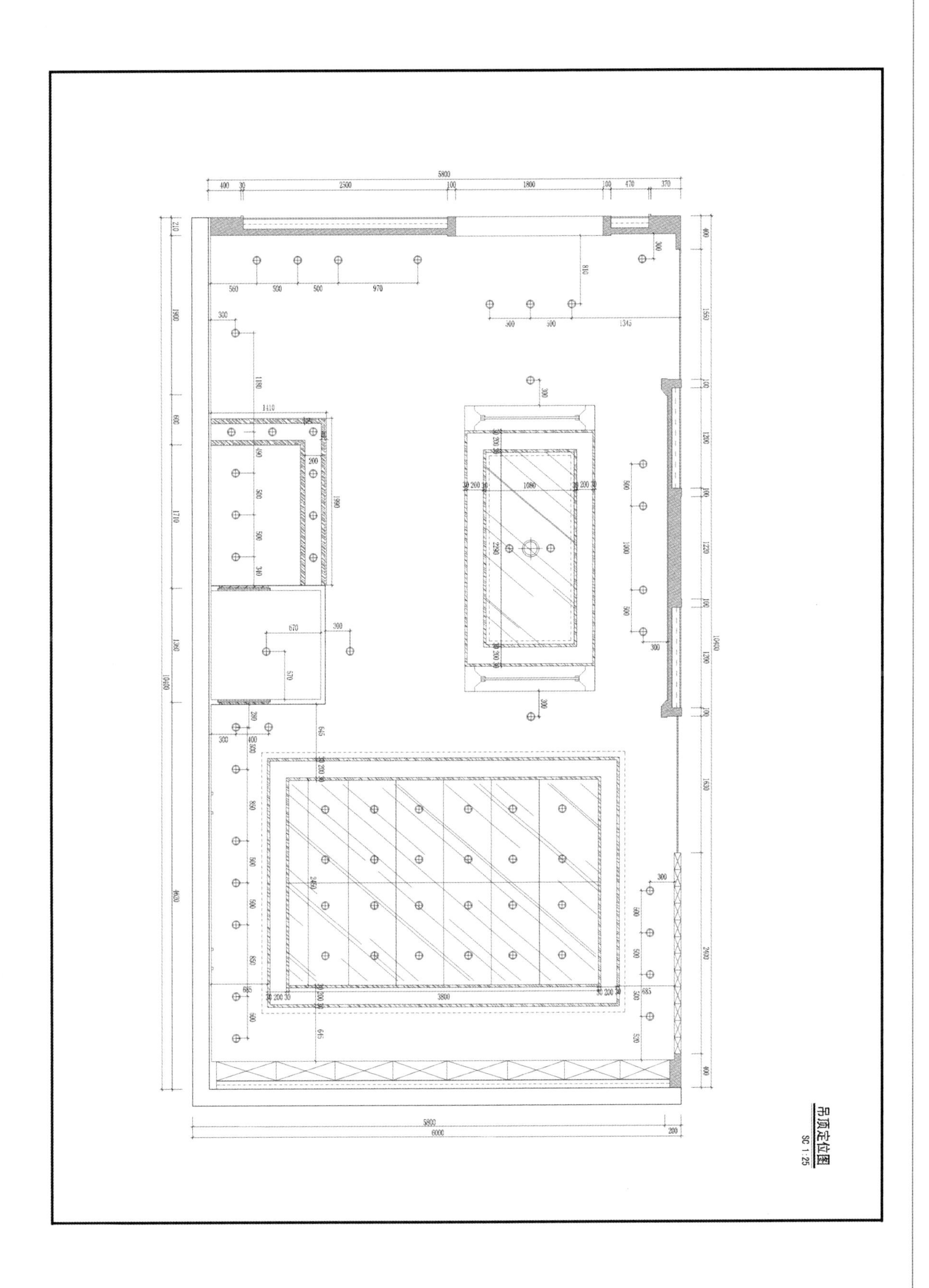
吊顶定位图
SC 1:25

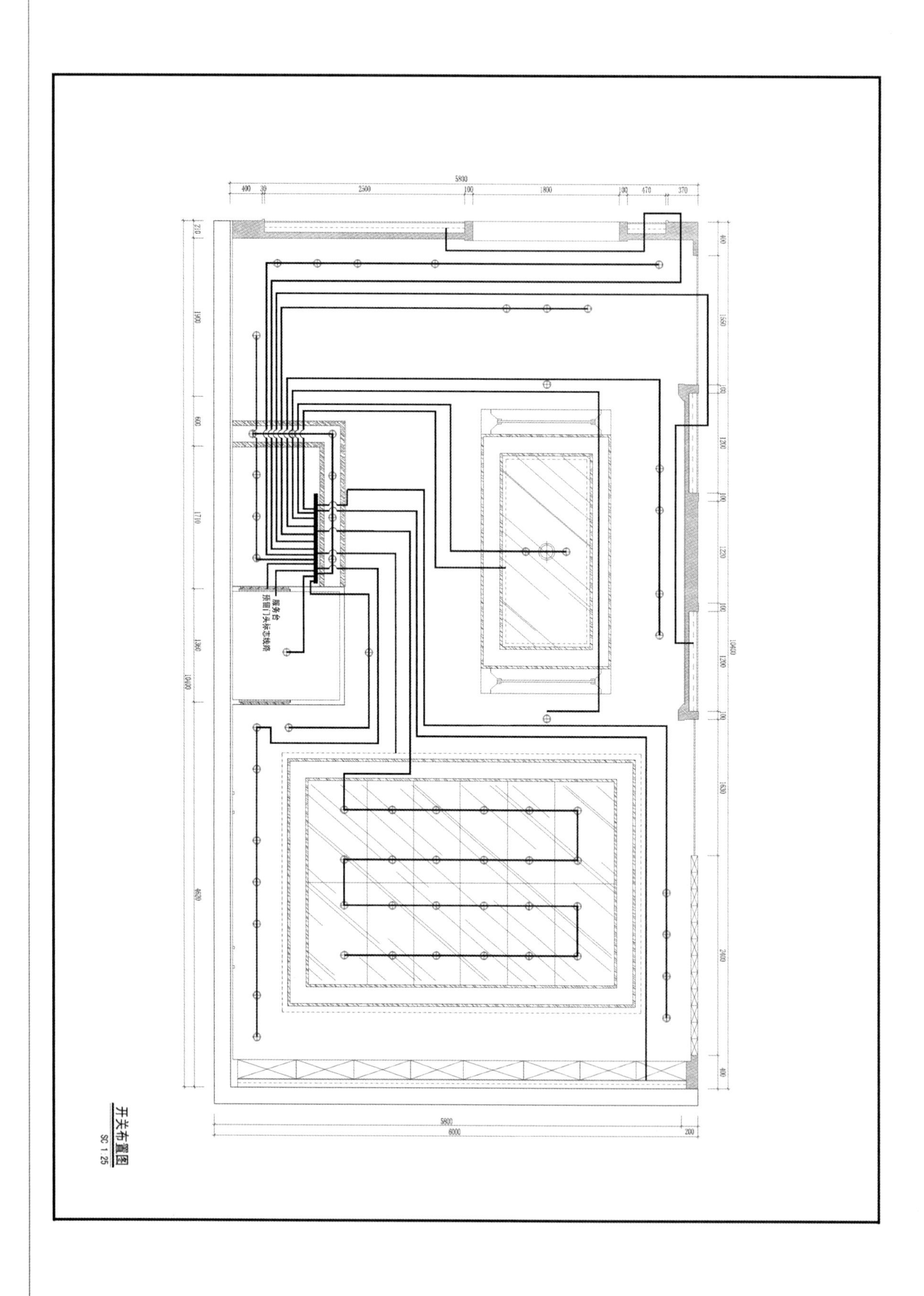
开关布置图
SC 1:25
服务台
预留门头标志线路
5800
400
2500
1800
470
370
6000
200

图例说明:

地插座

普通五孔插座

H:350

H:350

H:350

插座布置图

SC 1:25

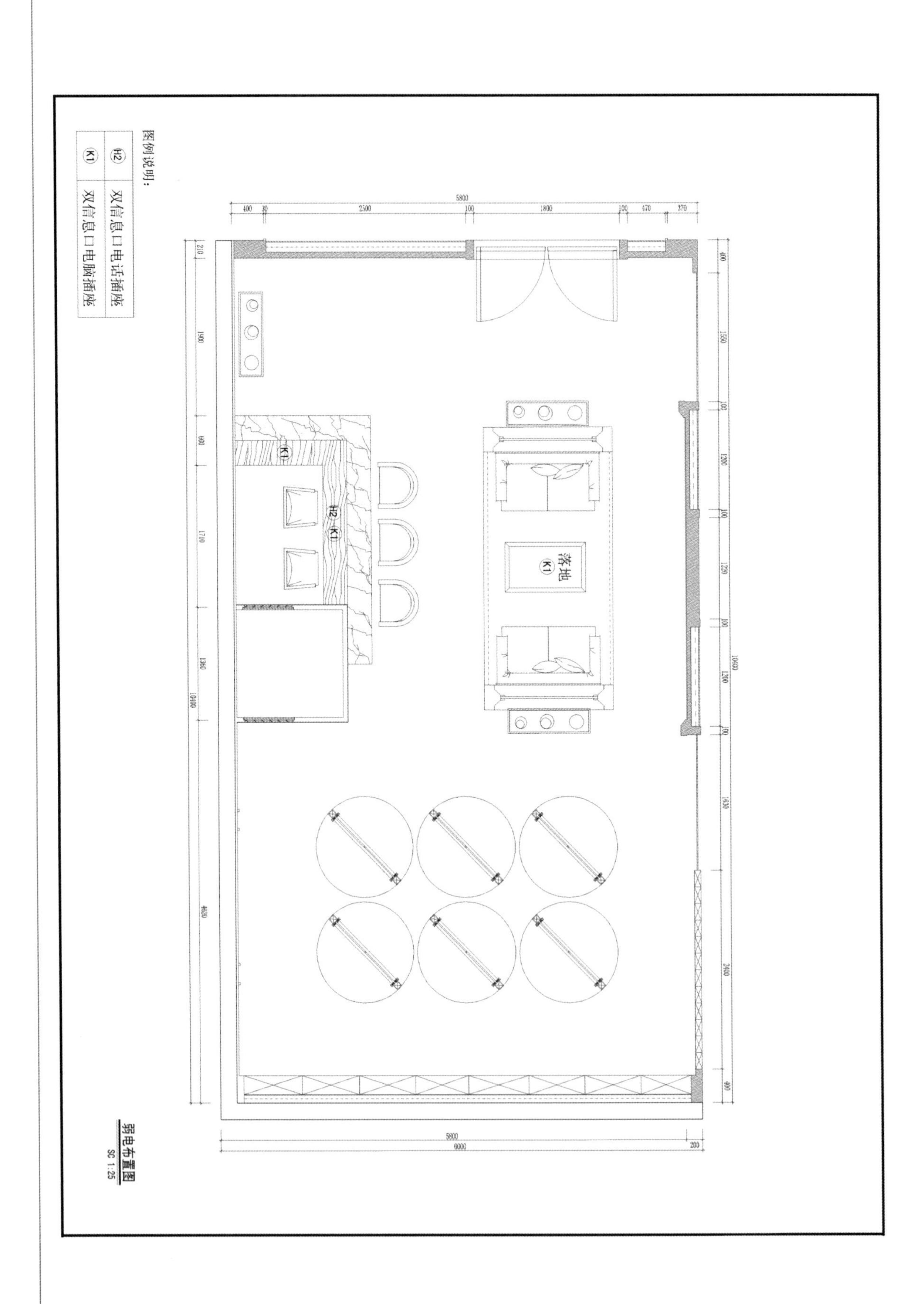
图例说明：
H2 双信息口电话插座
K1 双信息口电脑插座
落地
弱电布置图
SC 1:25

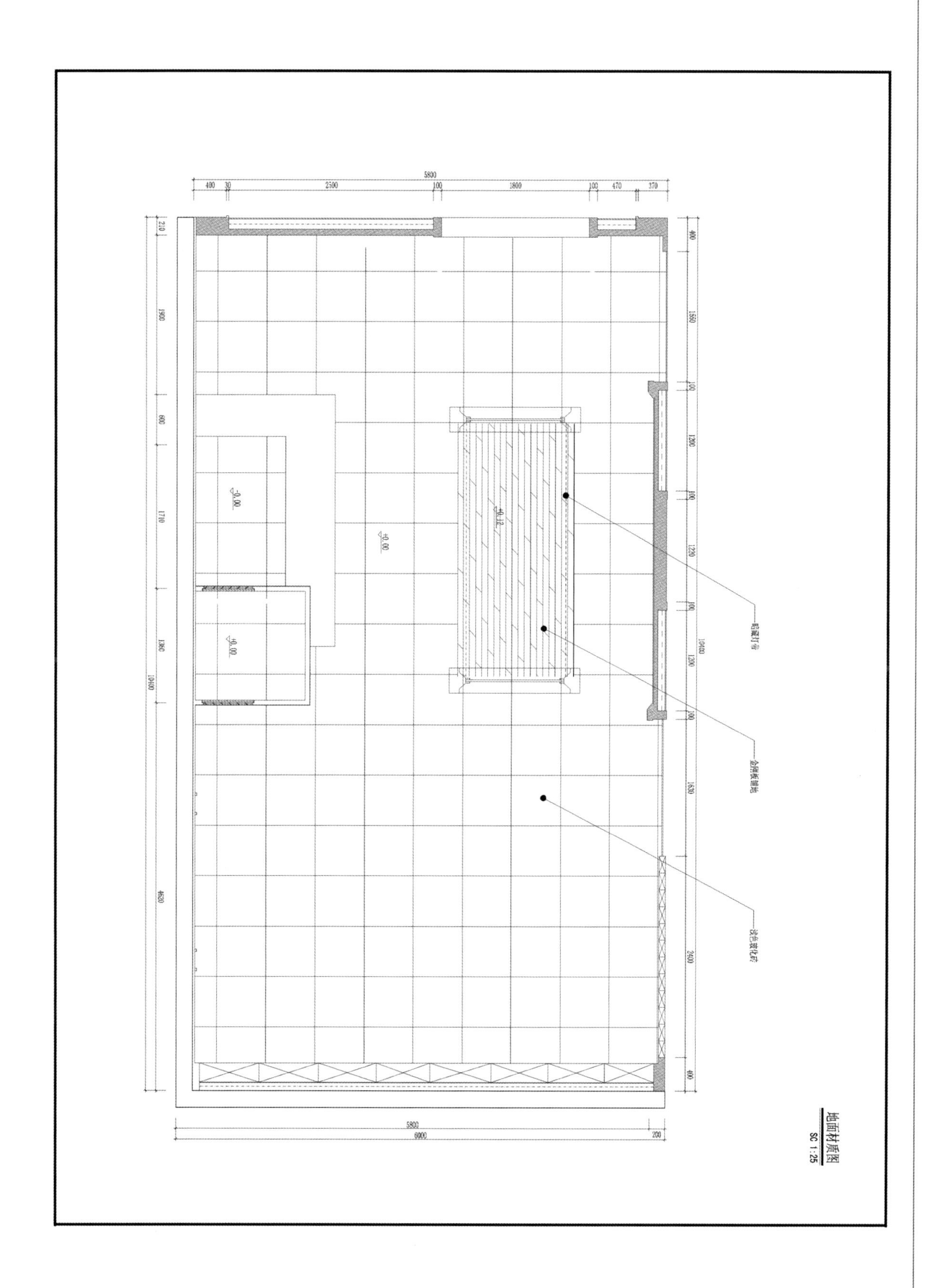
5800
400
30
2500
100
1800
100
470
370
10400
6000
200
±0.00
-0.00
+0.12
暗藏灯带
金刚板铺地
浅色玻化砖
地面材质图
SC 1:25

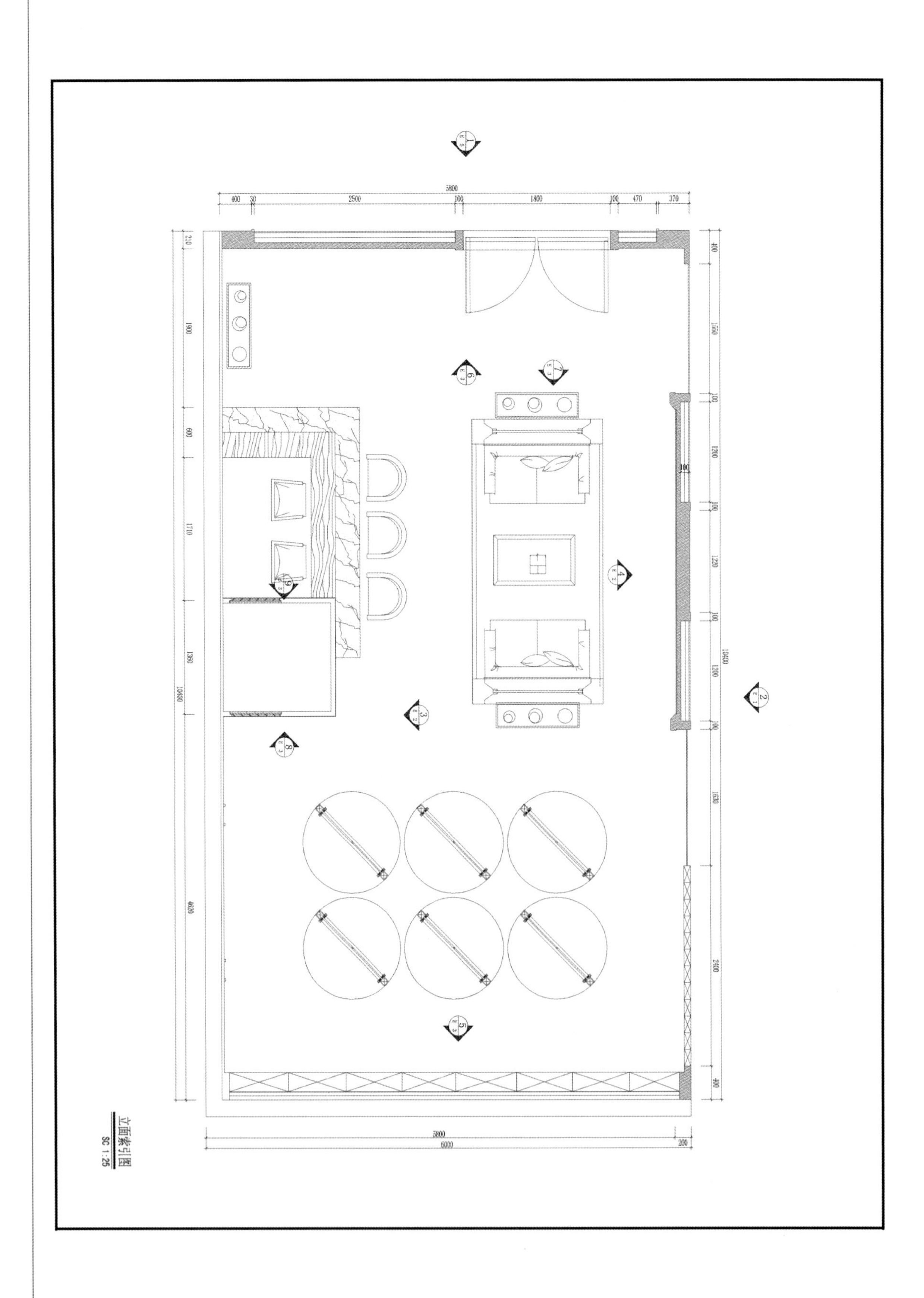
立面索引图
SC 1:25

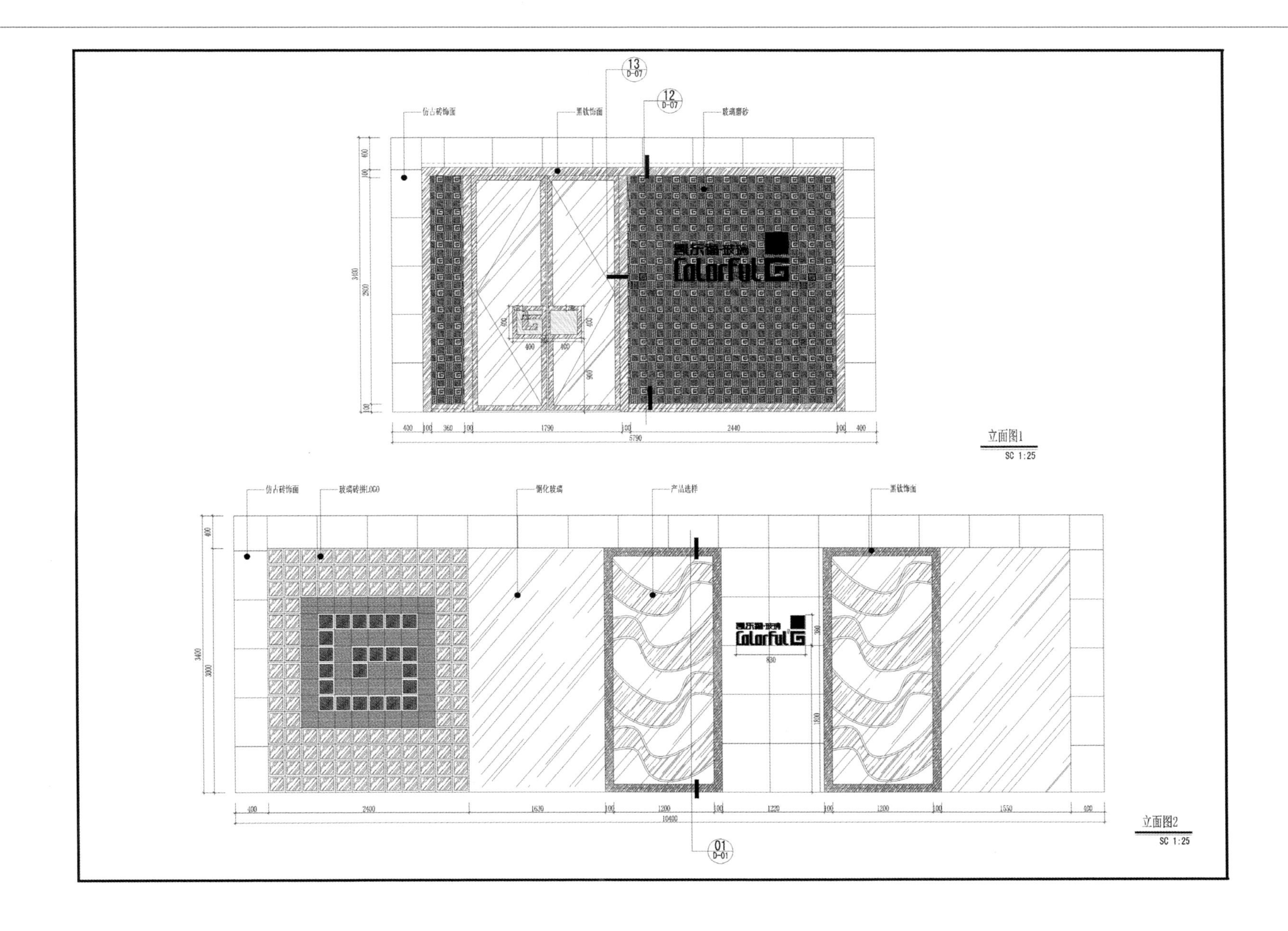
仿古砖饰面
黑钛饰面
玻璃磨砂
凯乐福·玻璃
Colorful G
立面图1
SC 1:25
仿古砖饰面
玻璃砖拼LOGO
钢化玻璃
产品选择
黑钛饰面
立面图2
SC 1:25

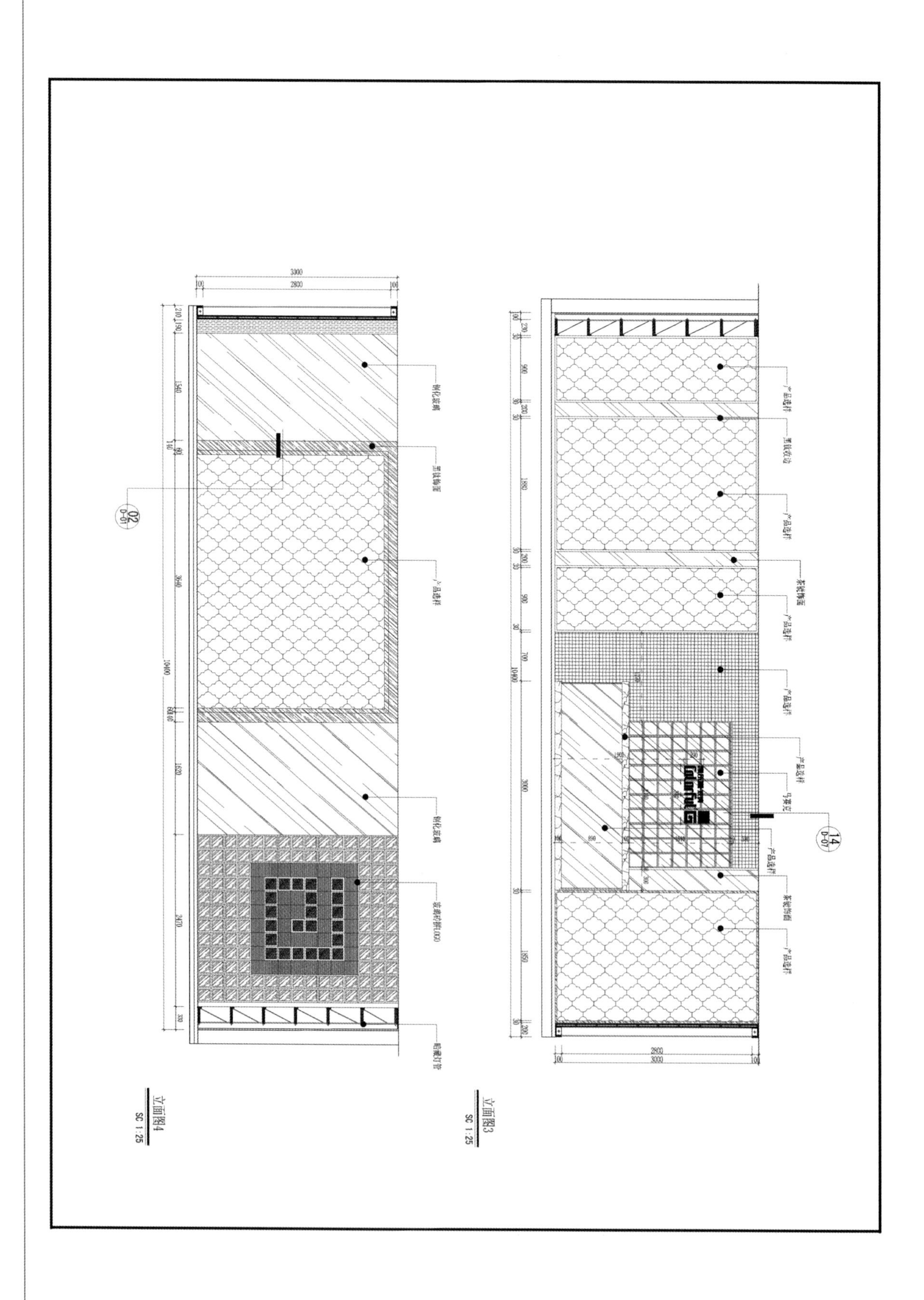

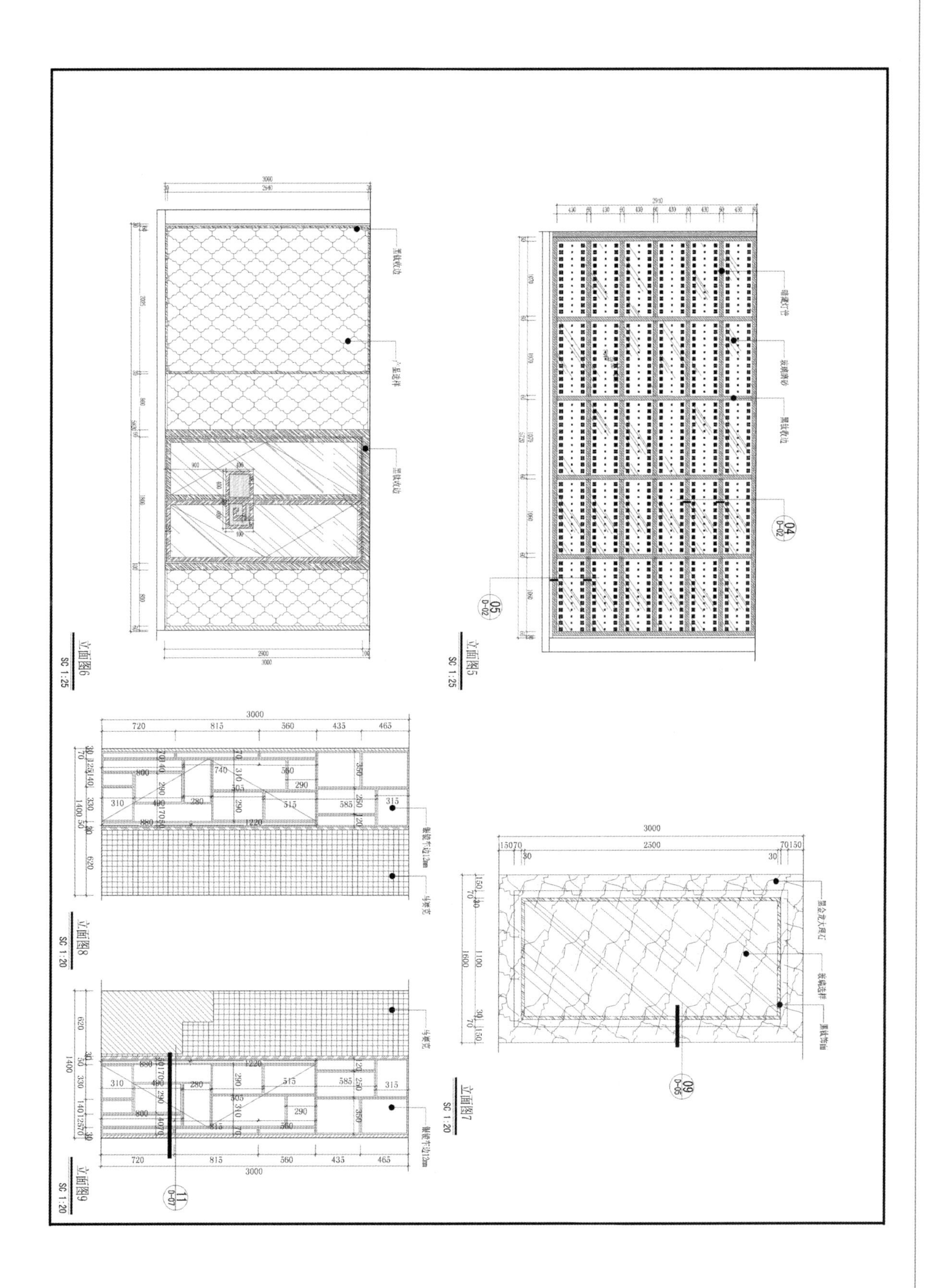

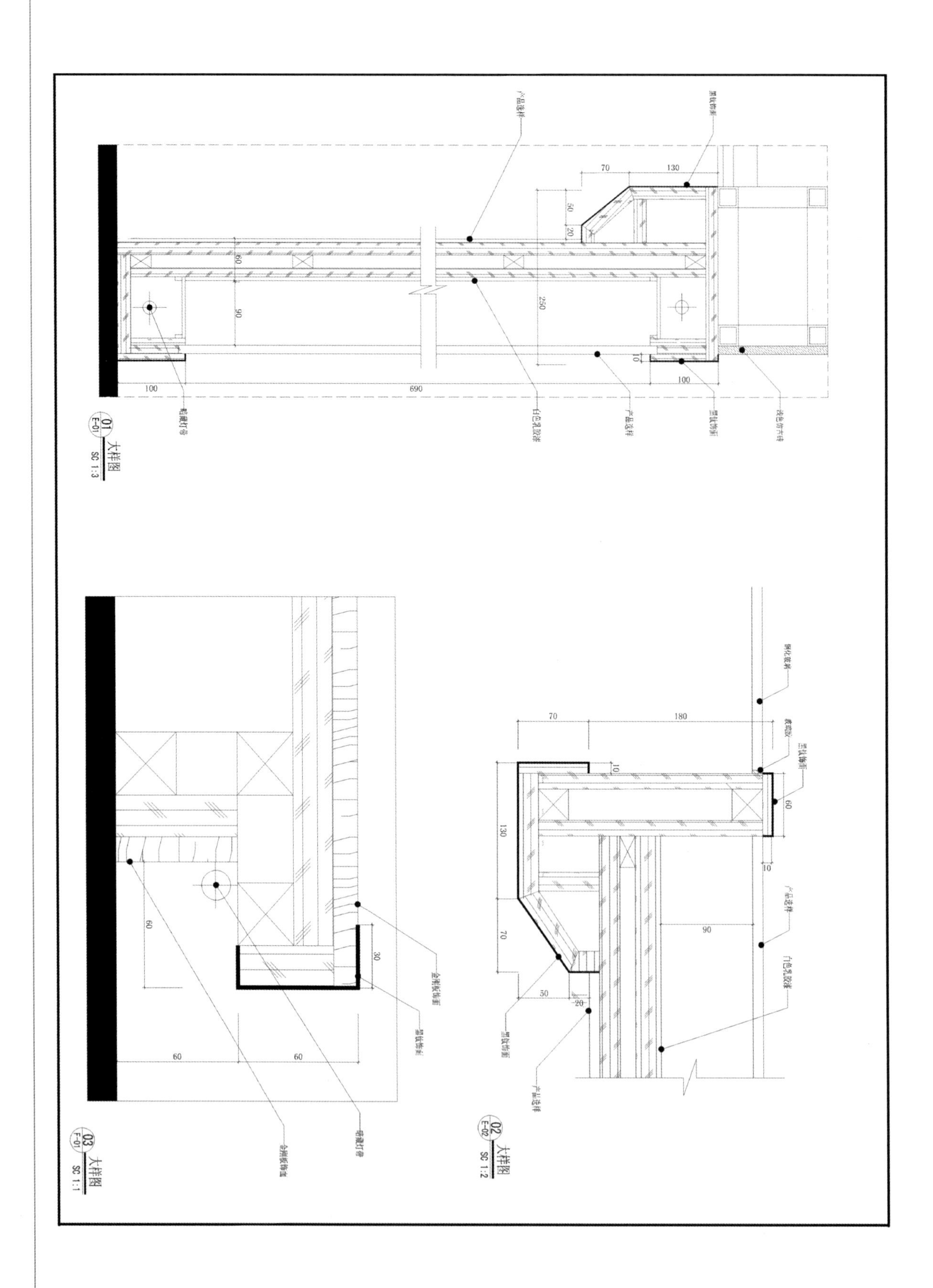
01 F-01 大样图 SC 1:3
02 F-02 大样图 SC 1:2
03 F-01 大样图 SC 1:1

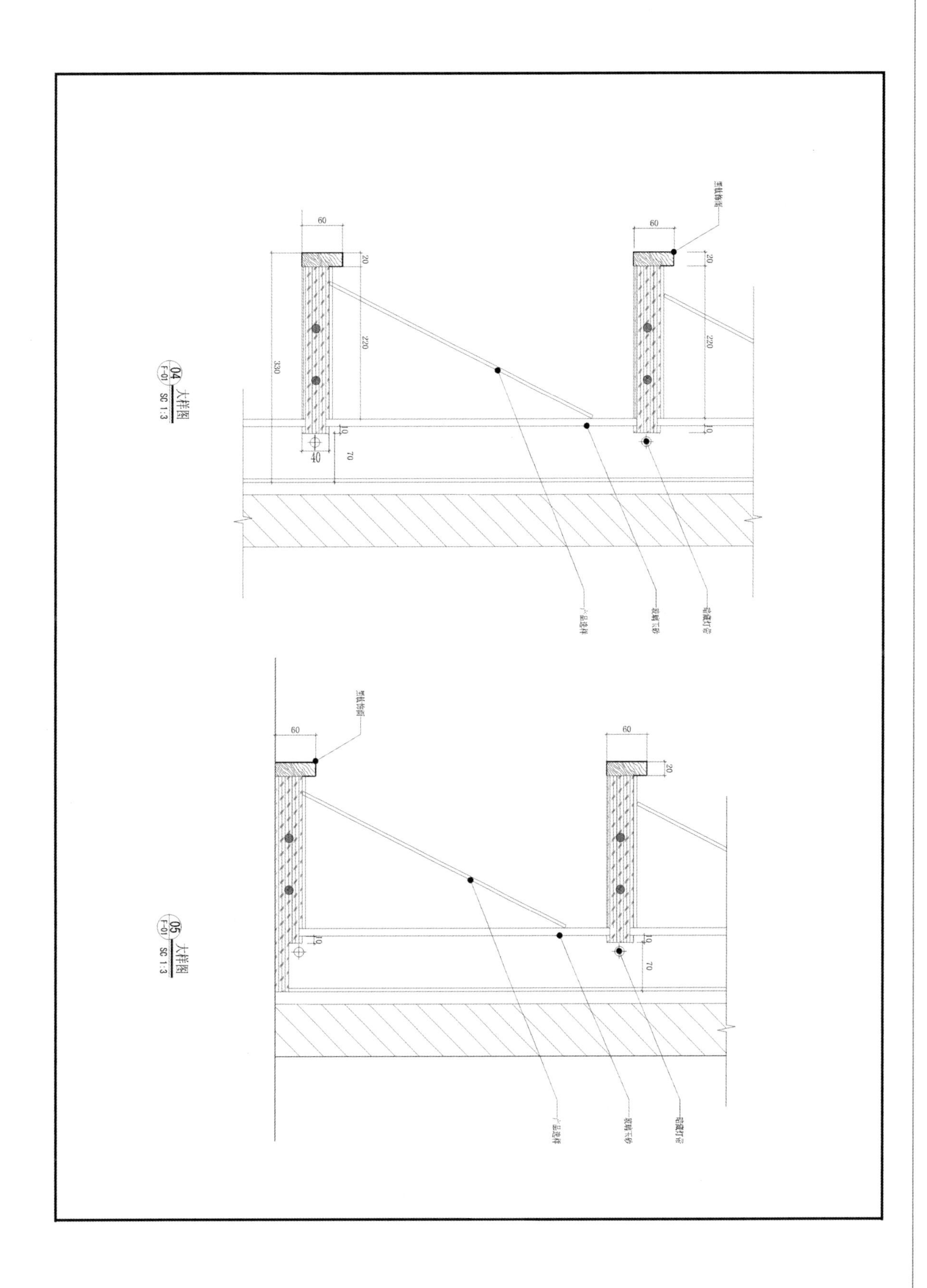
04 大样图
F-01 SC 1:3
05 大样图
F-01 SC 1:3
60
20
220
330
10
40
70

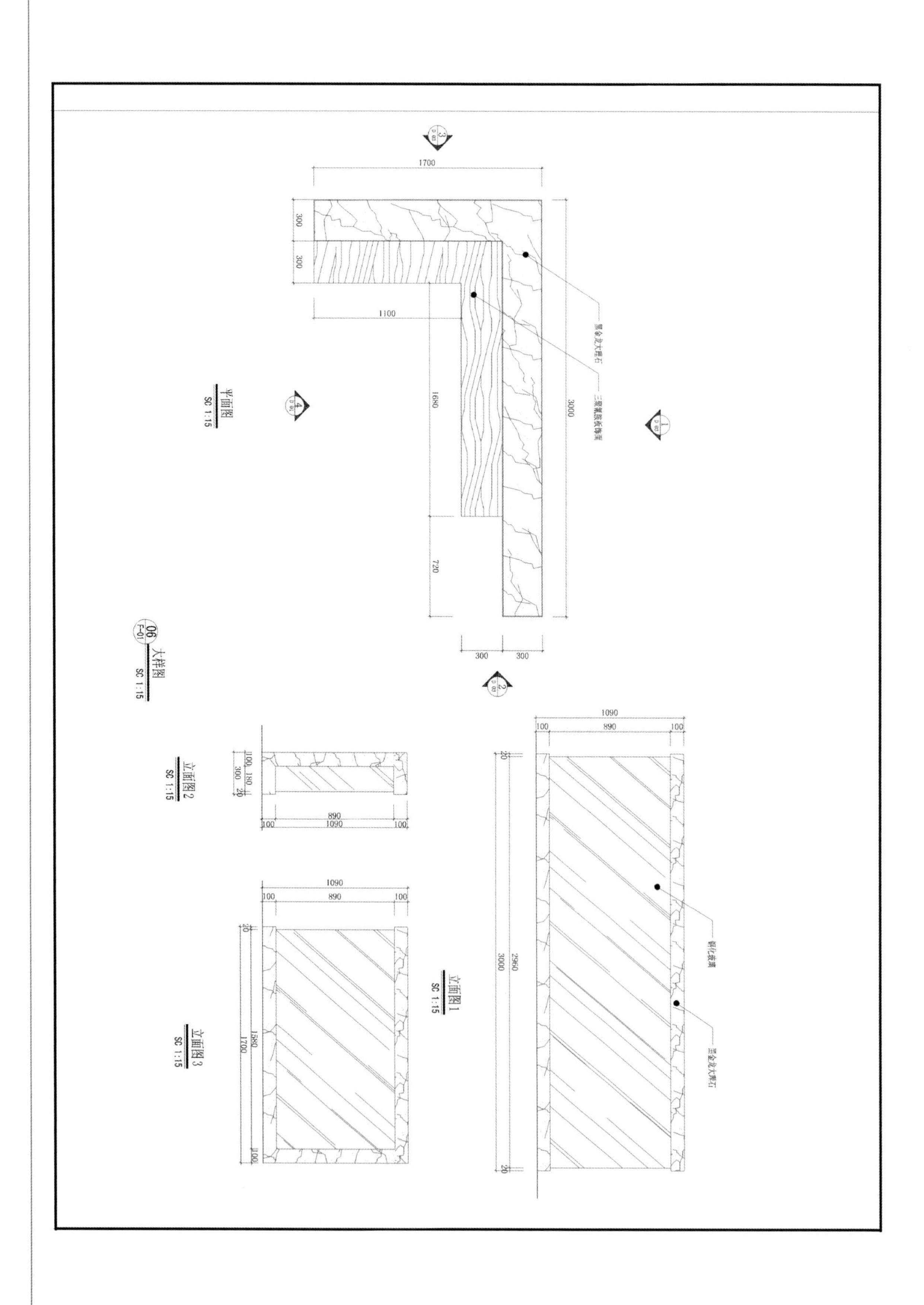
平面图
SC 1:15
大样图
SC 1:15
立面图 2
SC 1:15
立面图 1
SC 1:15
立面图 3
SC 1:15
1700
1100
1680
720
3000
1090
890
2960

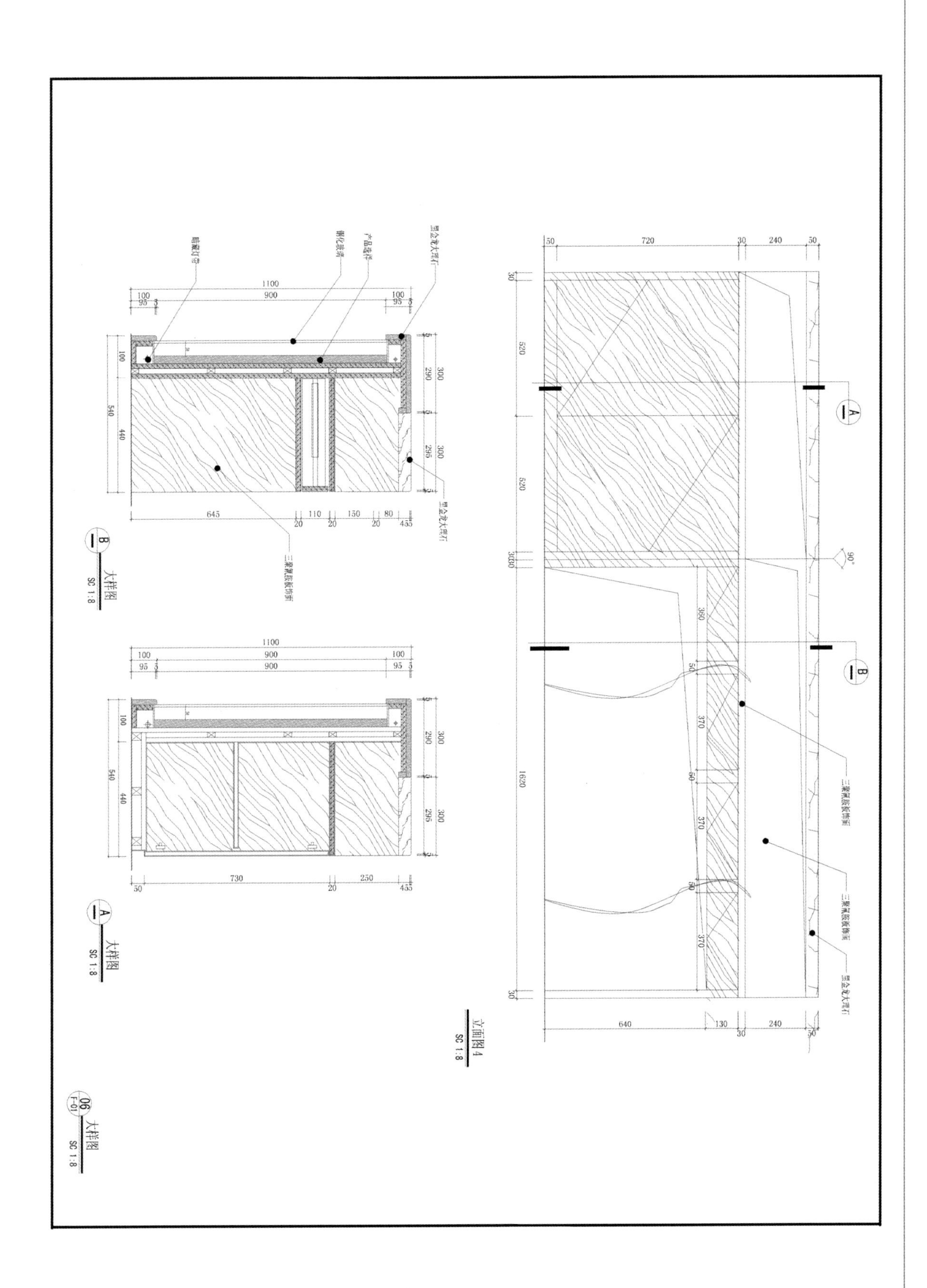
大样图
SC 1:8
立面图4
SC 1:8

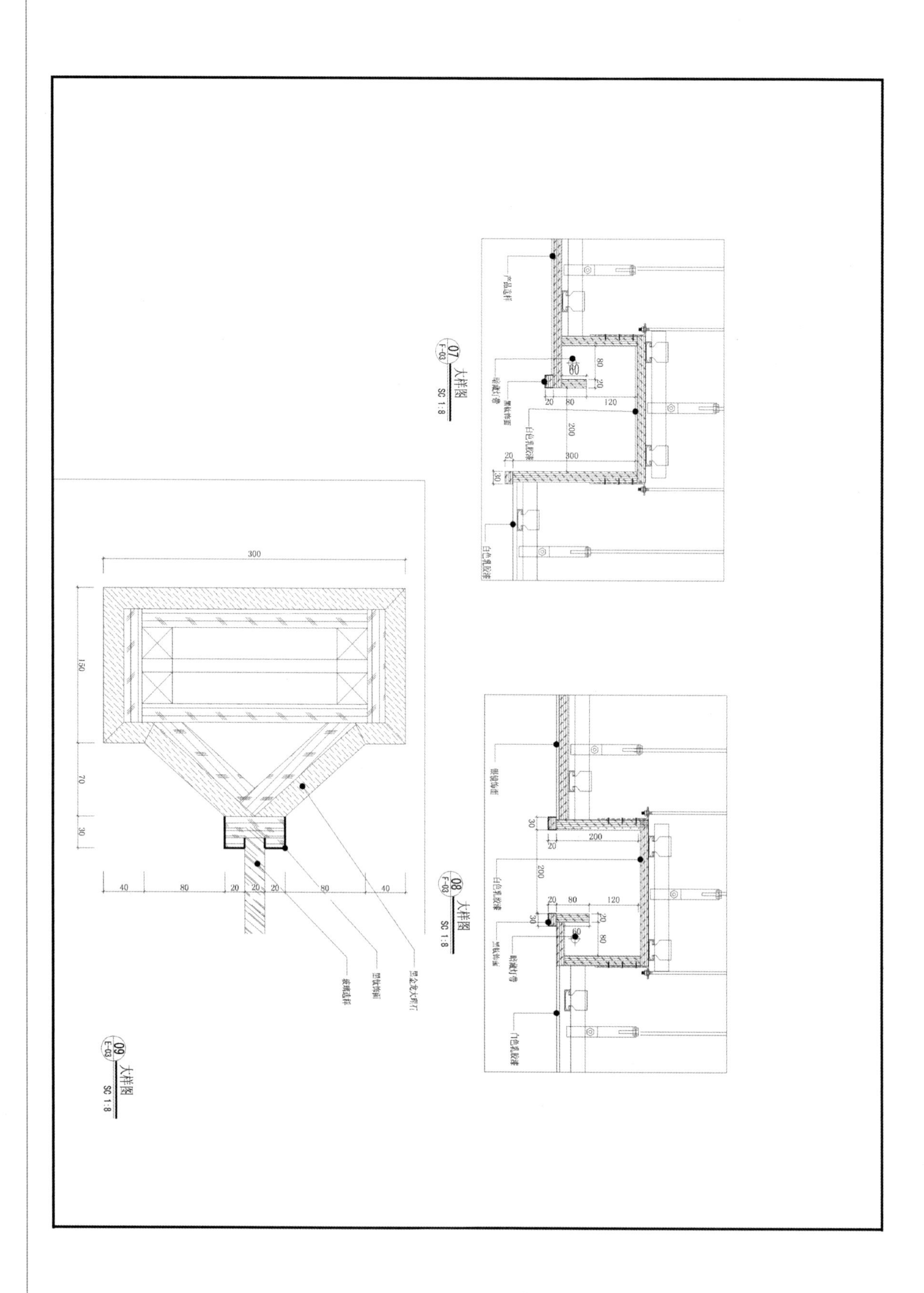
07 F-03 大样图 SC 1:8
08 F-03 大样图 SC 1:8
09 E-03 大样图 SC 1:8

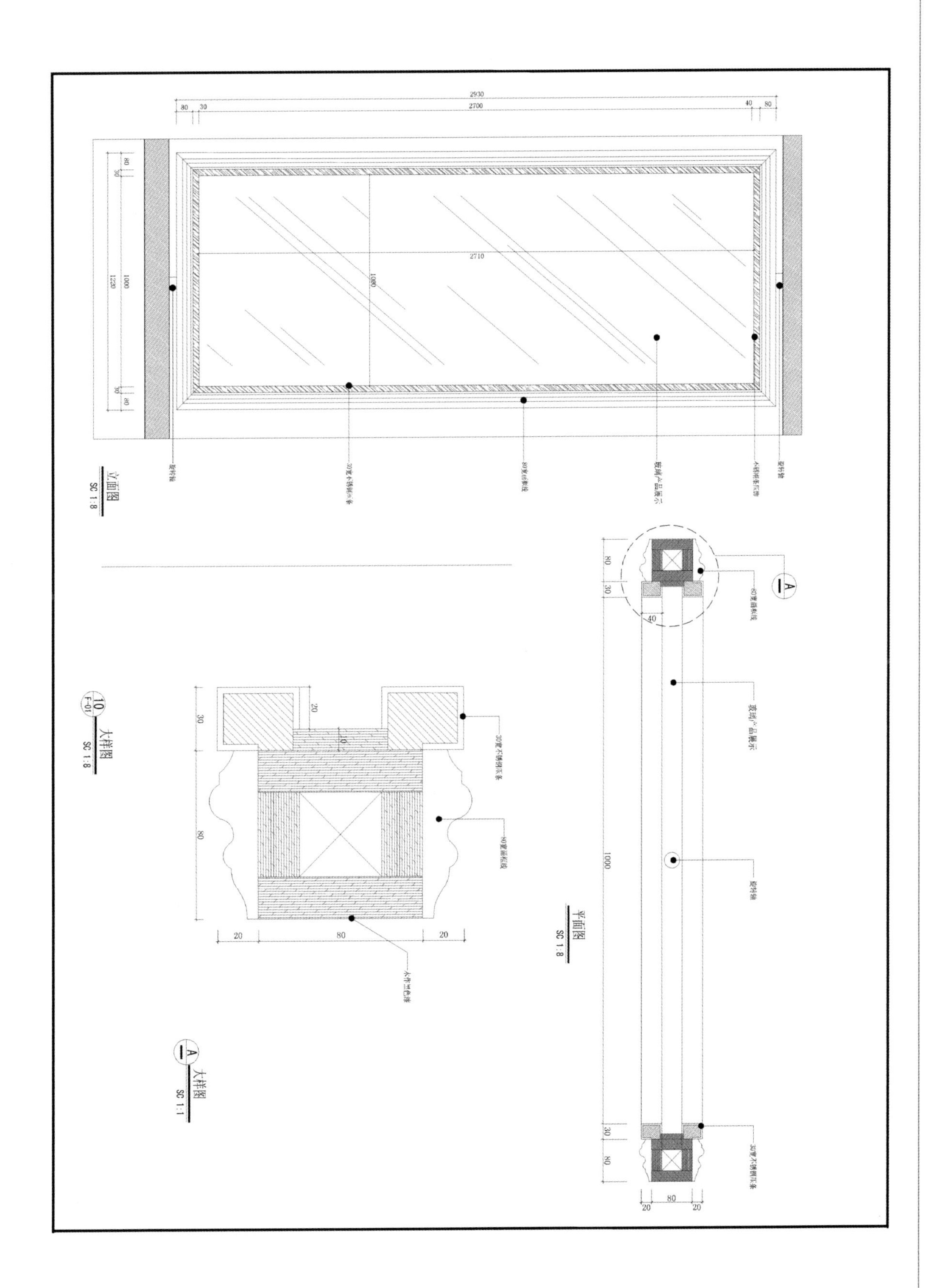

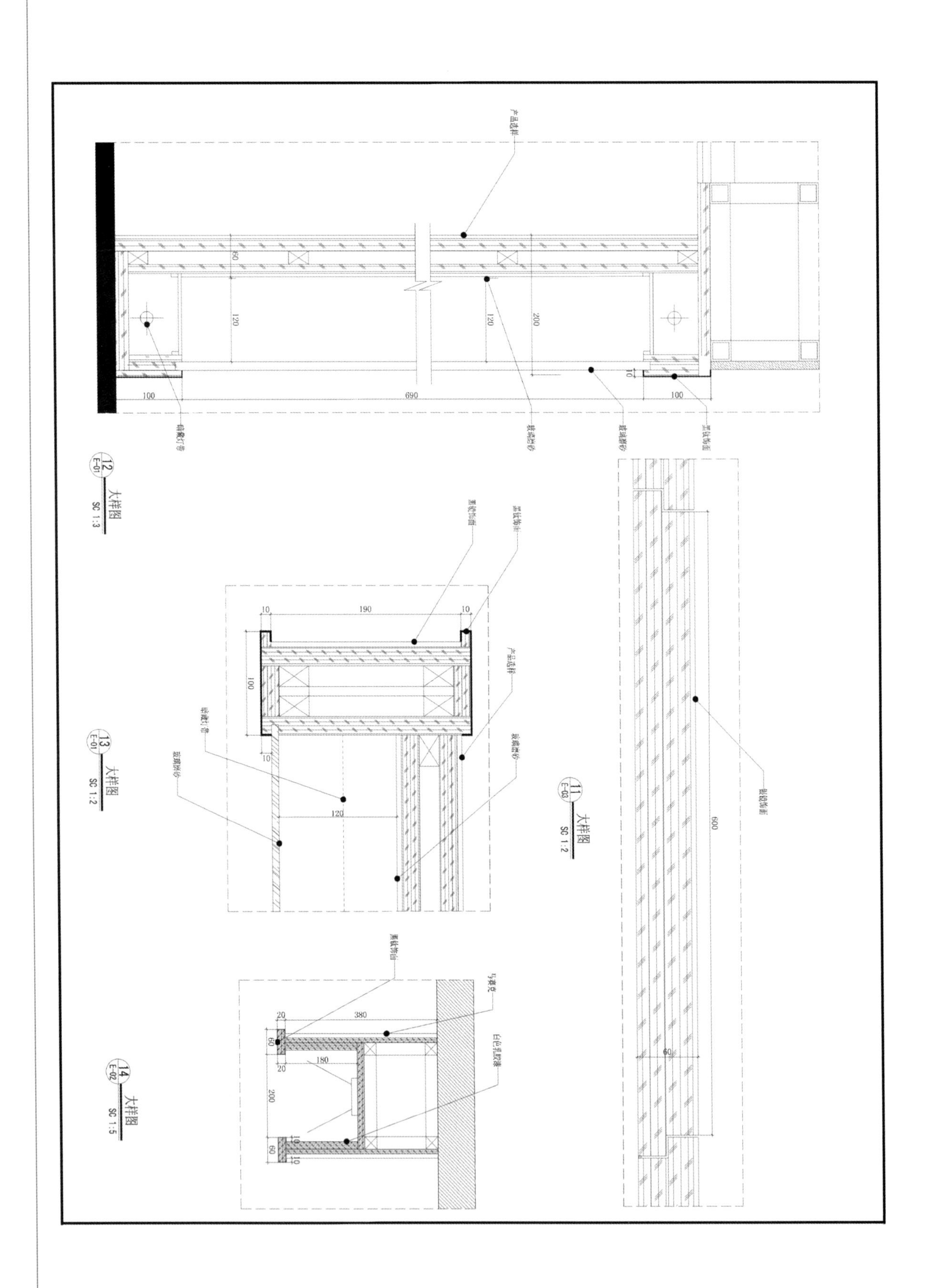
12 E-01 大样图 SC 1:3
13 E-01 大样图 SC 1:2
11 E-03 大样图 SC 1:2
14 E-02 大样图 SC 1:5

凯乐福·玻璃
Colorful'G

Colorful'G

单元训练和作业

1. 作业欣赏（参看第 5 章的作品欣赏部分的某些具体图片，帮助了解商业店面与橱窗空间的设计思维）。

2. 课题内容——本章的重点是读懂图纸的规范表达，并通过给定的建筑空间，独立完成设计相关图纸的绘制。

课题时间：16 ～32 课时。

教学方式：运用多媒体教学手段，通过实例讲解店面与橱窗的设计施工图表达。

要点提示：材料和尺寸的标注规范以及制图的基本方法，并注意节点大样图的表现。

教学要求：线型规范，尺寸、文字标注、材料说明。

训练目的：制图规范，空间布局合理，避免专业性的错误。

3. 其他作业（通过提供的基本建筑条件，尝试绘制多个草图方案）。

第5章 商业空间店面与橱窗设计作品赏析

课前训练

训练内容：通过商业空间店面与橱窗的设计案例，了解不同品牌背景下的商业空间店面与橱窗设计要点；掌握和熟悉商业空间店面与橱窗设计的主题性确立依据；明确商业空间店面与橱窗设计的原则。

训练注意事项：掌握主题性的确立和创意构思的形成，理解项目背景对商业空间店面与橱窗设计定位的影响。

本章要求和目标

要求：通过对商业空间店面与橱窗设计作品的赏析，学会分析商业空间店面与橱窗设计作品的实用性和美学特性。能从技术和品牌文化的角度欣赏并评价典型商业空间店面与橱窗设计的作品。通过本章实例赏析，提高自身的素养，拓展对设计文化特性的理解和评价，增强对商业空间店面与橱窗设计的理解。

目标：根据本章案例，对设计的具体依据、空间的类型，能够根据其品牌的特点风格，把握具体的设计表现模式，注重设计构思的完整性，掌握商业空间店面与橱窗的设计思维，并恰当地运用图纸进行设计表达。

本章要点

◆ 商业空间店面设计案例赏析

◆ 商业空间橱窗设计案例赏析

本章引言

现代店面与橱窗艺术是多元化的，有平面海报，也有以光电输出为表现形式的光电艺术，商品的陈列与展示由静至动，以吸引更多的注意力。个性化的店面与橱窗设计将会使其品牌从众多店面中脱颖而出，提升到店率的同时也起着宣传的作用。

5.1 商业空间店面设计案例赏析

5.1.1 ARCOR 体验店

品牌背景：

德国固定网络运营商 ARCOR 是沃达丰（Vodafone）旗下全资子公司，是德国第二大固定网络运营商。其主要为商业用户提供电话、宽带、Internet 接入和数字视频传输业务。

产品特色：

科技　时尚　生活

设计解析：

整体设计体现简洁、线性、块面分割等特点，与科技网络主题相匹配。根据人流活动特点，店门采用两侧对称式开门方式。利用玻璃和铝塑复合材料的质感对比，产生虚实变化。企业 LOGO 占整体店面面积的 1/4，突出品牌视觉形象。

5.1.2　JUICY COUTURE 时尚品牌店

品牌背景：

JUICY COUTURE 是由 Pamela Skaist-Levy 和 Gela Nash 于 1995 年创立的，最初是为女性提供性感精致服饰。2002 年，JUICY COUTURE 扩大了产品线，将设计领域延伸到男装和童装，同时女性产品系列也延伸到了包、鞋、珠宝配饰等。

产品特点：

高贵与性感　舒服与时尚

设计解析：

商店装饰采用法国古董条纹图案，统一的色调加上原木色雨棚，使店面充满高级而典雅的气息。结合橱窗上的广告字，展现出 JUICY COUTURE 独有的幽默风格。

5.1.3 QUEEN SHOES 时尚女鞋店

项目背景：

项目位于巴西的隆德里纳市，由托雷斯设计，鞋店的主要颜色为白色，展现了洁白无瑕的店面空间效果。

设计解析：

全直线转折、起伏叠加的个性造型设计和直线型光带成为这一店面空间的设计特点。店面整体色调为白色，极简的颜色与复杂的造型碰撞出具有强烈视觉冲击力的效果。白色被设计师认为是最具有未来感的色彩。店面入口与左侧橱窗退后，形成导入空间，增加店面的路线引导性。

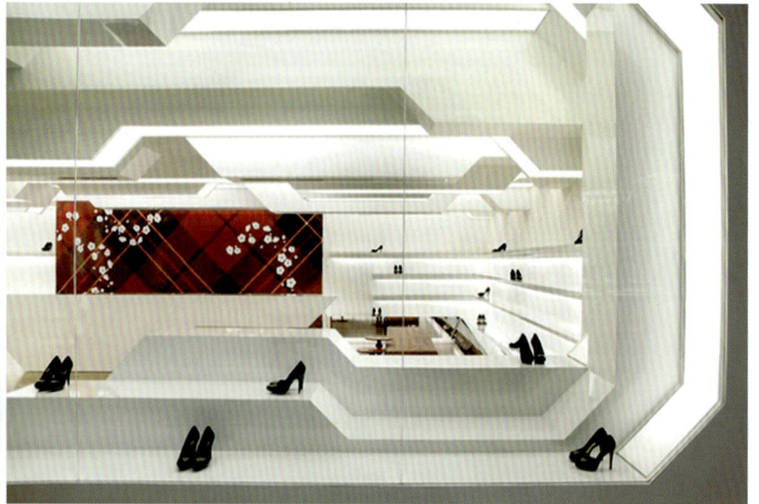

5.1.4 ZOO Women 品牌店

品牌背景：

ZOO Women 是一家经营女士服装和鞋帽的连锁店。

设计解析：

店面整体采用镂空板为主要装饰材料，白色的主基调配上品牌的红色，有利于突出品牌的特色。整体造型为不规则几何结构，形态自由，给人一种无所拘束的观感，突出了品牌的风格。

5.1.5　HIRSH LONDON 精品店

品牌背景：

HIRSH LONDON（赫什珠宝）品牌是 1980 年由 Anthony 和 Diane Hirsh 创立的珠宝品牌，旨在打造手工制作的独特首饰。

产品特点：

精致　典雅

设计解析：

整体设计延续 HIRSH LONDON（赫什珠宝）品牌特有风格，材料运用了博物馆建筑的部分技术，复古而典雅。统一的品牌色调呈现了一个完美而精致的门店效果。内嵌式的入口增加了门店的私密性。

5.1.6 Cleanup 旗舰店

品牌背景：

Cleanup 创立于 1949 年，一直以最高规格的“人性思维”设计厨具，并成为日本厨具的领导品牌。

设计解析：

旗舰店的设计概念源于企业文化强调的实用、美观、人性化，设计采用简单美学的概念，以实用为主，并注入美学概念。店面以灰色为主要色调，红色则为企业的标准颜色，而黑色的门框用以平衡前面两种颜色。

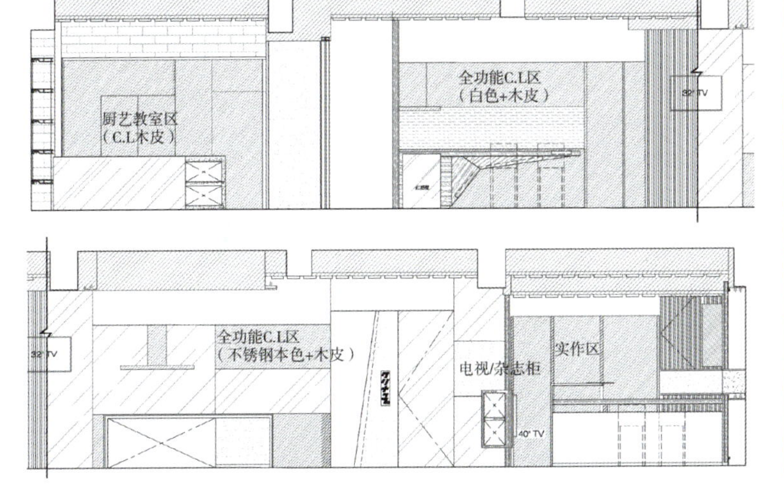

5.1.7 STS 咖啡厅

品牌背景：

STS 咖啡厅创建于 1967 年，现为香港饮食业主要从业者之一。

设计解析：

多面体形状的咖啡馆，整体与局部和谐、均匀，体现出独特的格调。色彩搭配方案选用胡桃木棕色、柔滑的米色和黄铜金色，给人优雅尊贵的美感。

5.1.8 Imaginarium 玩具店

品牌背景：

Imaginarium 是西班牙玩具零售连锁业巨头，是西班牙最大的玩具零售商之一。

设计解析：

入口设计为两个相连的洞穴造型，“洞穴”边缘选用彩虹般的渐变色彩，这两个叠加的洞穴使顾客一眼望去并不能将店内景象尽收眼底，从而吸引着孩子们前去“探险”。

5.1.9 SALON MITTERMEIER 理发店

项目背景：

项目位于繁华购物街旁的僻静街道中，改造任务是对其外表面进行重新装饰，使其具有足够的吸引力。

设计解析：

整个造型为三维波浪形图案，是由一片一片薄板以相同的间距组合而成，薄板的形状由水片切割机切割而成，增加了一丝隐秘感，使人过目不忘。

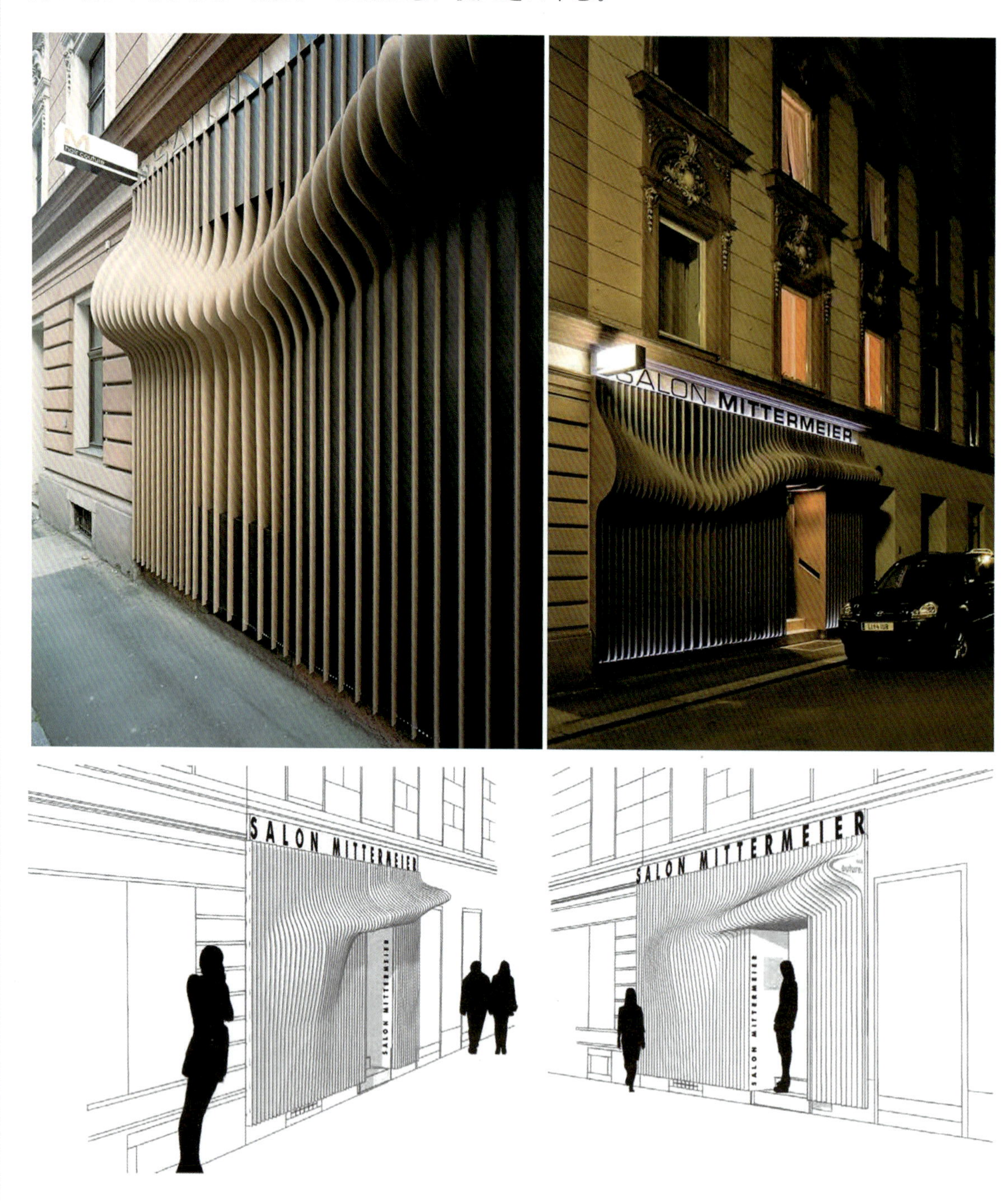

5.1.10 CAMPER 时尚品牌店

品牌背景：

CAMPER 是西班牙走在潮流前端的休闲鞋品牌，创立于 1975 年。CAMPER 把图案设计融入鞋履设计当中，运用色彩丰富、想象新奇的图案，令鞋子变得富有幽默感。这种具有童真情趣的风格风靡一时。

产品特点：

低调　洒脱　不羁

设计解析：

CAMPER 东京专卖店设计充满了童趣和想象力，出自西班牙设计师 Jaime Hayon 之手。专卖店设计灵感来自马戏团。CAMPER 东京专卖店设计沿用了品牌红、白两色的标准色，以白色为基调，点缀着红色。白色也不是单一的，而是有不同的材料和质感的对比。

5.2 商业空间橱窗设计案例赏析

5.2.1 爱马仕“The Gift of Time”主题橱窗

项目背景：

爱马仕每一年的钟表橱窗都有鲜明的主题，比如2012年的“The Gift of Time（时间的馈赠)”，表达了关于时间永恒的意象。时光是一份馈赠，对于品牌而言，时间意味着品质。

橱窗展陈要点：

荷兰设计师Kiki Van Eijk以品牌年度主题“The Gift of Time”创作了5组橱窗展示，用水彩绘画的形式，艺术性地将水彩画背景和二维扯线卡通人物完美地结合在一起，超现实主义的设计营造了仙境般的空间，同时探索与品牌历史的联系。

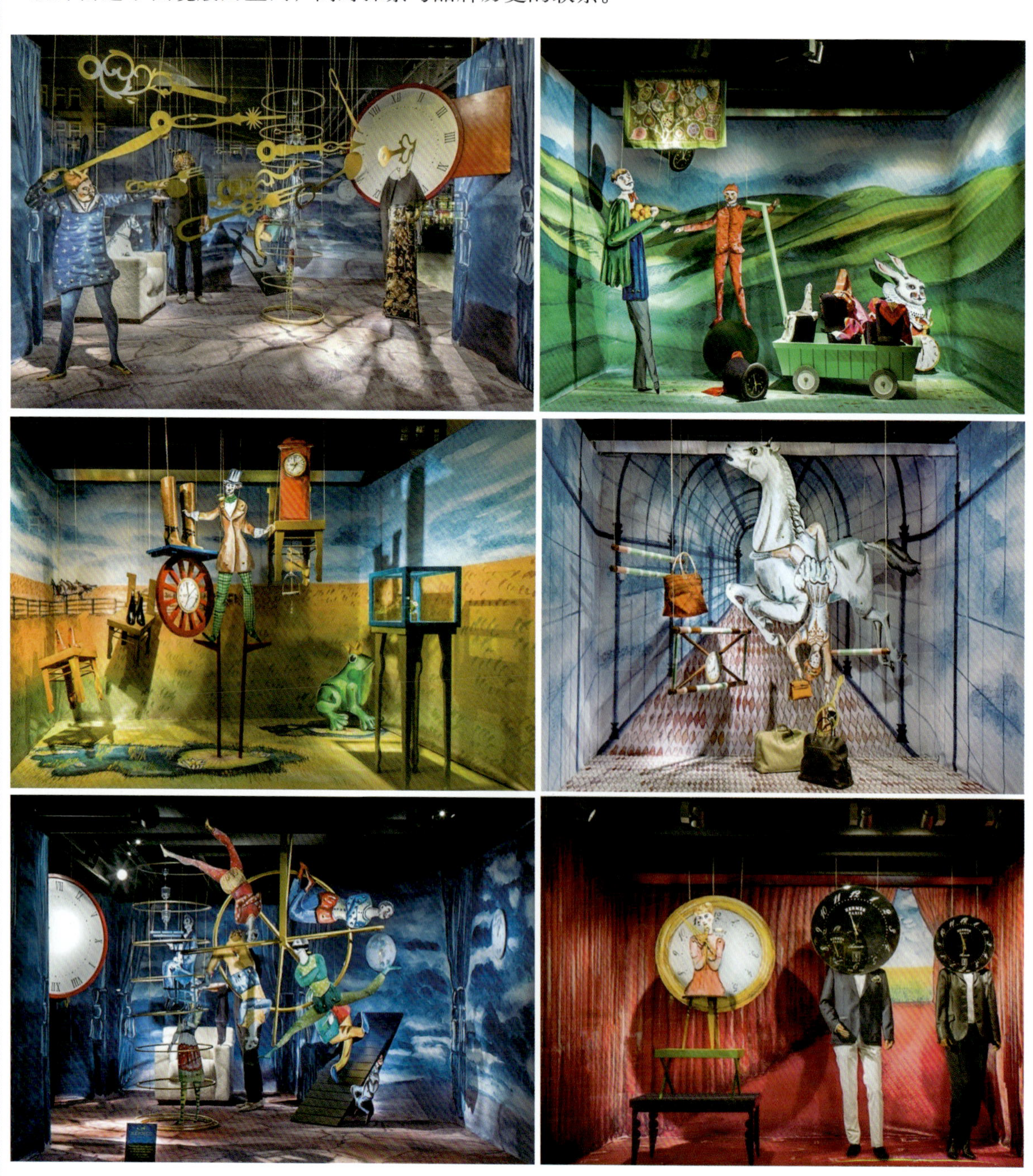

5.2.2 Harvey-Nichols“恐龙博物馆”主题橱窗

项目背景：

为配合 Harvey-Nichols 的全球橱窗设计主题——博物馆，设计团队用衣架、衣柜做基础材料，为大家带来“恐龙博物馆”。

橱窗展陈要点：

橱窗的设计灵感来自电影《侏罗纪公园》，设计是把该影片元素植入，带来超震撼的视觉感受。相较于 LV 的黄金恐龙遗骸，Harvey-Nichols 这一次的侏罗纪恐龙主题采用手工制作，恐龙结构全部由衣架组成。

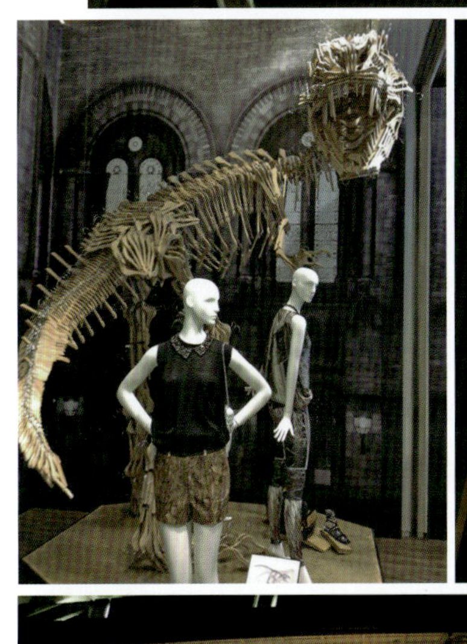

5.2.3 CHLOÉ60 周年主题橱窗

项目背景：

纽约精品店携手 Barneys 与 CHLOÉ 共同举办庆祝 CHLOÉ 成立 60 周年的活动。

橱窗设计来源：

橱窗创意源于头发，设计师 Bob Reciner 将头发看作一种织物，不去区分钢、服装面料以及头发的材质差异，Reciner 将头发分解成无关紧要的元素，是橱窗展陈的灵感来源。

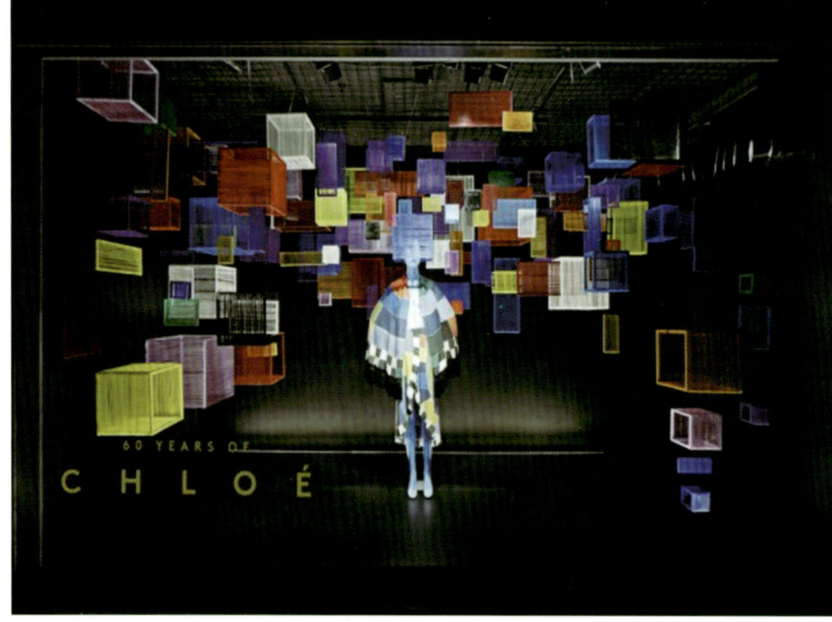

5.2.4 Harrods“Happy New you”新年橱窗

项目背景：

英国伦敦 Harrods（哈罗德）百货公司在 2015 年新春之际推出了一组“Happy New You”以美容产品为主题的系列橱窗，包括 SK-II 的五月桃花、Crème de la Mer（海蓝之谜）的深海巨藻、La Prairie（莱珀妮）的沁蓝海洋、Lancôme（兰蔻）的海洋之水等。

橱窗展陈要点：

橱窗以商品特点为主题进行切入。运用场景化语言，将商品进行道具化转换，既满足了商品展陈的需要，又体现了商品的特性。在场景塑造中，采用模拟道具，强调了商品的不同特点。

5.2.5 WE MAKE CARPETS 橱窗

项目背景：

百货商场给出的主题是“自由”。气球做成的地毯是“自由”主题的一部分。

橱窗展示要点：

“气球地毯”由黄色、蓝色、绿色的气球规律排列组成，整体与局部和谐统一，体现出其独特的格调。

5.2.6　CKJ 夏季橱窗

项目背景：

CKJ 为 CK 旗下的牛仔品牌，该项目是为 2014 年夏季新品上市而做的一次橱窗展示。

橱窗展示要点：

橱窗延续了 CKJ 品牌的休闲特质，极简的陈列手法配合蓝色的灯光，使人印象深刻。

5.2.7 荷兰百货商场 De Bijenkorf“EYE ON FASHION”春季主题橱窗

项目背景：

作为荷兰知名的百货商场 De Bijenkorf 在 2014 年春推出了以“EYE ON FASHION”为主题的橱窗。

橱窗展示要点：

橱窗设计的灵感来自著名的 Cambon 楼梯街。结合橱窗中镜面的反射效果，将商品置于绚烂的反射光中，以突出主题。橱窗以低色彩倾向的颜色作为基础色调，配上商品的黑白以追寻统一的格调，局部的黄色则又强化了空间的层次感，加强了视觉效果。

5.2.8 Holt-Renfrew“in the air”春季主题橱窗

项目背景：

加拿大 Holt-Renfrew2014 年春季主题橱窗命名为“in the air”。为何天空总是在不断地变化却永不相同？每个人都会有主观的解释，大多数人的解释又很不同。为了说明这个概念，设计师用天空给他们带来的灵感在橱窗里展示。

橱窗展示要点：

设计创意灵感来源于天空中的鸟类、蝴蝶、飞机和云。整体橱窗中，主体商品与配景之间处理得一气呵成，既突出主体形象，又使空间不乏层次与形式美感。

5.2.9 Holt-Renfrew“LINDRATE INDIA”春季主题橱窗

项目背景：

加拿大 Holt-Renfrew2014 年春季“LINDRATE INDIA”主题橱窗。

橱窗展示要点：

本主题设计融合了印度元素，将商品特点与符号、形象进行联系，使人展开联想。主题橱窗运用鲜亮的色彩，让人们从色彩中展开联想，从而产生心理效应，使整体效果更富有艺术感染力和号召力。

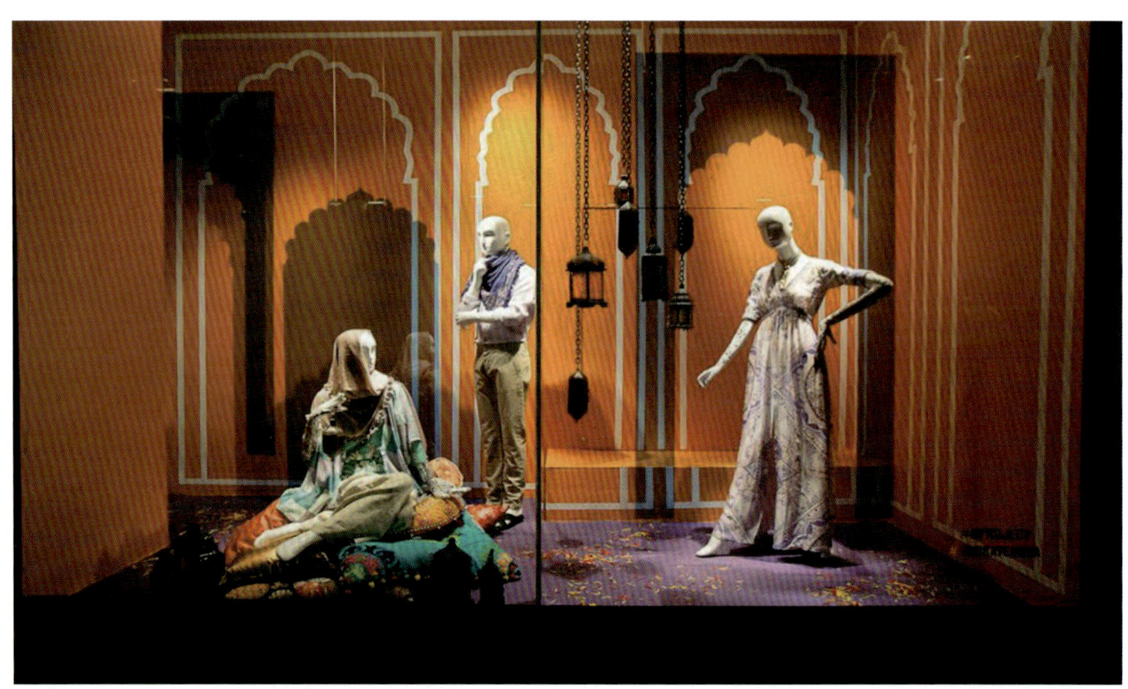

5.2.10 荷兰百货商场 De Bijenkorf 冬季假日橱窗

项目背景：

荷兰著名的百货商场 De Bijenkorf 2013 年冬季的橱窗由 UXUS 设计，设计师通过一系列童话故事的设定，给橱窗赋予了令人心醉神迷的色彩，仿佛把人带入神秘的森林，奇迹仿佛就在眼前，让城市充满了童话色彩。

橱窗展示要点：

橱窗将树林、麋鹿、鸟笼联系在一块，营造出一个充满幻想和创意的神奇天地。设计师恰当地运用色彩语言营造迷幻氛围，从而引起人们的关注。

参考文献

陈静凡，叶国丰，2013．商业空间设计——店面与橱窗 [M]．上海：上海交通大学出版社．

郭立群，2008．商业空间设计 [M]．武汉：华中科技大学出版社．

黄建成，2007. 空间展示设计 [M]．北京：北京大学出版社．

林静，杜鹃，陈璞，2011. 商业空间展示设计 [M]．北京：机械工业出版社．